한켈이 들려주는
정수 이야기

박현정 지음

NEW
수학자가 들려주는
수학 이야기
05

한켈이 들려주는
정수 이야기

|주|자음과모음

수학자라는 거인의 어깨 위에서 보다 멀리, 보다 넓게 바라보는 수학의 세계!

수학 교과서는 대개 '결과'로서의 수학을 연역적으로 제시하는 경향이 강하기 때문에 학생들은 수학이 끊임없이 진화해 왔다고 생각하기 어렵습니다. 그렇지만 수학의 역사는 하나의 문제가 등장하고 그에 대해 많은 수학자가 고심하고 이를 해결하는 가운데 새로운 아이디어가 출현해 온 역동적인 과정입니다.

〈NEW 수학자가 들려주는 수학 이야기〉는 수학 주제들의 발생 과정을 수학자들의 목소리를 통해 친근하게 이야기 형식으로 들려주기 때문에 학생들이 수학을 '과거 완료형'이 아닌 '현재 진행형'으로 인식하는 데 도움이 될 것입니다.

학생들이 수학을 어려워하는 요인 중의 하나는 '추상성'이 강한 수학적 사고의 특성과 '구체성'을 선호하는 학생의 사고 사이에 존재하는 간극이며, 이런 간극을 줄이기 위해서 수학의 추상성을 희석시키고 수학 개념과 원리의 설명에 구체성을 부여하는 것이 필요합니다.

〈NEW 수학자가 들려주는 수학 이야기〉는 수학 교과서의 내용을 생동감 있게 재구성함으로써 추상적인 수학을 구체성을 갖는 수학으로 변모시키고 있습니다. 또한 중간중간에 곁들여진 수학자들의 에피소드는 자칫 무료해지기 쉬운 수학 공부에 윤활유 역할을 해 줄 것입니다.

〈NEW 수학자가 들려주는 수학 이야기〉의 구성을 보면 우선 수학자의 업적을 개략적으로 소개하고, 6~9개의 강의를 통해 수학 내적 세계와 외적 세계, 교실 안과 밖을 넘나들며 수학 개념과 원리를 소개한 후 마지막으로 강의에서 다룬 내용을 정리합니다.

이런 책의 흐름을 따라 읽다 보면 각각의 도서가 다루고 있는 주제에 대한 전체적이고 통합적인 이해가 가능하도록 구성되어 있습니다. 〈NEW 수학자가 들려주는 수학 이야기〉는 학교 수학 교과 과정과 긴밀하게 맞물려 있으며, 전체 시리즈를 통해 학교 수학의 많은 내용들을 다룹니다. 따라서 〈NEW 수학자가 들려주는 수학 이야기〉를 학교 수학 공부와 병행하면서 읽는다면 교과서 내용의 소화 흡수를 도울 수 있는 효소 역할을 할 것입니다.

뉴턴이 'On the shoulders of giants'라는 표현을 썼던 것처럼, 수학자라는 거인의 어깨 위에서는 보다 멀리, 넓게 바라볼 수 있습니다. 학생들이 〈NEW 수학자가 들려주는 수학 이야기〉를 읽으면서 각 수학자의 어깨 위에서 보다 수월하게 수학의 세계를 내다보는 기회를 갖기를 바랍니다.

홍익대학교 수학교육과 교수 |《수학 콘서트》 저자 박경미

세상의 진리를 수학으로 꿰뚫어 보는 맛
그 맛을 경험시켜 주는 '정수' 이야기

우리는 생각을 할 때 눈에 보이는 가시적인 세계를 바탕으로 하는 경우가 대부분입니다. 따라서 어떤 어려운 개념을 이해하고자 할 때도 구체적인 예를 찾는 경우가 일반적이라고 할 수 있습니다.

초등 과정에서 중등 과정으로 진학하면서 가장 강조되는 부분이 추상성과 일반성이라고 볼 수 있습니다. 특히, 우리 주변에 존재하는 사물들을 대상으로 추상화한 수 개념은 수학이라는 학문의 가장 중요한 핵심입니다.

초등 과정에서 학생들이 학습하는 자연수는 가시적으로 그 개념에 대한 설명이 가능합니다. 하지만 정수로 확장되면서 새롭게 출현하는 '음수'의 개념은 가시적인 예시로는 한계가 있습니다. 학교 수학에서 수직선을 비롯한 다양한 모델을 제시하지만 학생들은 여전히 잘못된 개념을 가질 수 있습니다. 물론 음수에 대한 개념은 물리적 현상을 근거로 그 개념적인 설명이 가능합니다. 그러나 음수를 포함한 연산에서 직관적인 설명만으로는 한계가 있는 것입니다.

따라서 저자는 학생들이 경험하는 정수와 연산에 대한 잘못된 개념을 극복하고 올바른 개념이 형성될 수 있는 기회가 이 책과의 여행을 통하여 이뤄질 것이라는 믿음으로 저술하였습니다.

이 책과 유익한 수학 탐험을 시작하는 여러분이 또 다른 수학의 즐거움을 경
험하길 바랍니다.

박현정

차례

1 이 책은 달라요

《**한켈이 들려주는 정수 이야기**》는 정수에 대한 개념과 의미, 연산 등에 관련된 내용들을 실제적인 맥락과 수학 역사 속의 이야기를 통해 깨달을 수 있도록 도와줍니다.

학생들은 한켈 선생님과 학교 수학교실 안과 밖에서 주변에 있는 내상이나 현상들을 관찰하면서 음수를 직관에서 출발하여 형식적으로 나아갈 수 있도록 합니다. 이를 위해 학생들로 하여금 이전까지 경험한 사실이나 현상을 떠올리게 한 후 그것이 지금 다루고자 하는 음수와 어떤 관련성이 있으며, 수학적 개념을 설명하기 위해서는 형식적인 전개가 필요함을 느끼게 합니다.

2 이런 점이 좋아요

❶ 지금까지 음수의 개념이나 연산을 배우면서도 왜 '음수 곱하기 음수'가 '양수'가 되는가를 직관적으로 이해하려다가 포기한 학생들에게 그 이유를 스스로 깨달을 수 있는 기회를 마련해 줍니다.

❷ 초등학생과 중학생에게는 지금까지 수업에서 배우거나 혼자서 생각해 왔던 음수에 관련된 모든 내용을 스스로 이해할 수 있는 기회를 마련하도록 돕습니다. 특히 주변에서 볼 수 있었던 현상이 음수 개념과 어떻게 관련되는가를 쉽게 이해할 수 있습니다.

❸ 고등학생에게는 수 개념이 역사적으로 어떻게 발전하여 왔는지 알 수 있게 합니다. 그리고 자신이 익숙하게 사용하던 음수의 사칙연산의 개념을 다시 점검하고 관련 지식의 토대를 튼튼하게 할 수 있습니다.

3 교과 연계표

학년	단원(영역)	관련된 수업 주제 (관련된 교과 내용 또는 소단원 명)
중 1	수와 연산	정수와 유리수

4 수업 소개

1교시 양수와 음수의 개념

음수에 대한 역사와 개념을 실제적인 현상을 중심으로 알아봅니다.

- 선행 학습 : 자연수에 대한 개념과 연산
- 학습 방법 : 음수가 어떤 수인가를 음수에 관련된 역사를 통하여 이
  해하고 실제적인 주변 현상이나 대상과의 관련 속에서 이해합니다.
  음수는 왜 출현했으며, 어떻게 이해해야 하는가를 생각해 봅니다.

2교시 절댓값과 수의 대소 관계

절댓값이란 어떤 것이며, 정수의 대소 관계는 어떻게 판단하는가를 수
직선을 이용하여 자세히 알아봅니다.

- 선행 학습 : 자연수, 자연수의 크기 비교에 대한 이해
- 학습 방법 : 한켈 선생님이 제시하는 질문과 책에서 소개되는 문제
  내용을 직접 연필을 사용하여 책에 표시해 가면서 생각해 봅니다.

3교시 정수의 덧셈과 뺄셈

정수의 덧셈과 뺄셈의 의미와 계산 방법에 대하여 공부합니다.

- 선행 학습 : 자연수의 개념과 덧셈과 뺄셈에 대한 이해
- 학습 방법 : 과정을 통해 논리적으로 그 이유를 학습합니다.

4교시 수학적 규칙과 음수의 곱셈

등식의 성질에 대한 이해를 바탕으로 음수 개념을 정리하고, 음수의 곱셈에 대하여 공부합니다.

- **선행 학습** : 곱셈의 의미에 대한 이해
- **학습 방법** : 디오판토스가 설명하는 음수 개념을 이해하고, 한켈이 제시하는 수의 곱셈에서 규칙을 파악하여 곱셈의 원리에 대하여 생각해 봅니다.

5교시 음수의 본질과 나눗셈

음수의 개념을 형식적으로 정리하고, 음수의 나눗셈에 대하여 공부합니다.

- **선행 학습** : 나눗셈의 의미에 대한 이해
- **학습 방법** : 실제 날씨나 방향 등과 같이 정수의 개념을 생각할 수 있는 주변 현상과 같은 직관적인 방법으로 음수 개념을 이해하는 데 한계가 있다는 것을 깨닫습니다. 이를 통해 형식적인 접근의 타당성을 이해하고 음수의 나눗셈의 원리를 익힙니다.

6교시 정수의 혼합계산

혼합계산에서 괄호와 거듭제곱의 의미를 이해하고, 혼합계산의 원리를 이해하고 익힙니다.

- **선행 학습** : 거듭제곱의 의미, 연산에서 괄호가 포함된 경우 계산 방법
- **학습 방법** : 한켈과 함께 괄호와 거듭제곱이 포함된 경우에 대한 계산 방법을 공부하고 직접 연필과 연습장을 사용하여 계산하면서 공부합니다.

한켈을 소개합니다

Hermann Hankel(1839~1873)

나는 수학의 역사 속에서 혼란스러웠던 음수의 존재를 완성하였습니다.

나는 음수를 실제적인 것을 나타내는 대상으로 인정한 것이 아니라, 형식적인 구조를 이루는 것으로 보았습니다.

즉, 양의 개념을 설명하는 자연수처럼 취급하지 않고 순전히 형식적으로만 설명하고자 하였습니다.

방정식의 해를 설명하기 위해 음수를 인정하고 사용한 것입니다.

여러분, 나는 한켈입니다

어느 날, 내게 수업을 듣는 한 학생으로부터 편지 한 통을 받았습니다. 그 내용은 다음과 같습니다.

선생님, 제가 지금까지 배우거나 알고 있는 수는

1, 2, 3, 4, …… 10, 100

또 100분의 1, 2분의 1 등이에요.

이렇게 계속 찾아서 이야기할 수는 있지만, 모든 수를 다 말로 표현은 못 하겠어요. 수도 너무 많고 그것들을 다 셀 수는 없으니까요.

그런데 지난번 선생님께서 알려 주신 덧셈과 뺄셈을 생각해 보았어요.

덧셈은 어떤 수를 더하든 상상할 수 있는 자연수가 답이 되는데 뺄셈은 이상해요. 6에서 4를 빼면 2가 되는 것은 이해가 되고, 제가 알고 있는 자연수가 답이 되는데요. 그 반대로 4에서 6을 빼면 어떻게 되는 것이지요? 그렇게 하면 안 되나요?

그리고 또 있어요.

□＋6＝0 이라고 할 때 □ 안의 답은 무엇이 되죠, 선생님?

빠른 답변 부탁드립니다.

한 학생으로부터 받은 편지의 질문은 우리가 지금까지 경험하지 못한 또 다른 수의 존재에 대한 것입니다. 그 수는 '음수'라고 말할 수 있습니다.

내가 하는 이야기가 쉽게 이해되지는 않을 것입니다. 사람들은 음수도 양수처럼 양과 관련된 실제적인 크기를 가진 개념으로 설명할 수 있을 것이라고 생각합니다. 하지만 사실 그렇지가 않아요. 음수는 하나의 양으로 설명할 수 없습니다. 음수는 대칭되는 두 양을 비교했을 때 얻어지는 상대적인 개념의 수입니다.

실제로 음의 양은 없는 것보다 작은 것이 아닙니다. 없는 것보다 작은 실제적인 현상은 없습니다. 더욱 문제가 되는 것은 음수로 계산하는 덧셈, 뺄셈과 같은 연산을 양수의 경우처럼 실제적으로 설명할 수 없다는 것입니다.

$3 \times (-3) = (-3) + (-3) + (-3) = -9$에서는 3원씩 빚을 세 번 지면 9원의 빚을 지게 된다는 상황으로 설명할 수 있는 듯합니다. 하지만 $3 \times (-3)$은 우리가 눈으로 확인할 수 있는 존재가 아닙니다. 심지어 $(-3) \times (-4) = 12$와 같은 경우는 신비스럽기까지 합니다. 이런 계산식이 신비스럽게 느껴지는 이유는 음수의 계산에 우리가 지금까지 배운 수와는 다른 면, 즉 직관적으로 설명할 수 없는 면이 있기 때문입니다.

사실, 수학은 형식적인 관계에 대한 과학입니다. 그렇지만 아무리 위대한 수학자들이라도 수학적인 대상을 실제 현상이나 행동의 의미로 이해하고자 하는 의도를 버릴 수는 없었습니다.

고대 그리스 수학에서 음수는 의미 있는 수학적 대상으로 받아들여지기 어려웠습니다. 그 이유는 수를 '셀 수 있는 물리적 대상'에 한정해서 생각하려는 경향 때문입니다. 음수를 설명할 수 있는 실제적인 모델, 즉 그 대수적인 성질을 일관되게 만족하는 직관적인 훌륭한 모델을 찾을 수 없었던 것이 그 이유라고 볼 수 있습니다.

　음수에 대한 완전한 모델은 실제로 존재하지 않으며, 오늘날에 널리 이용되는 셈 돌이나 수직선, 우체부 모델조차도 음수의 모든 연산을 직관적이고 명확하게 설명하지는 못합니다. 이러한 어려운 문제가 해결된 것은 19세기 독일의 수학자 한켈 덕분입니다.

　자! 여러분에게 정말 필요한 수업을 하기 위하여 오늘부터 여러분을 위한 강의를 하실 수학자를 소개하겠습니다. 들어오시죠, 한켈 선생님!

　안녕하세요. 여러분과 함께 정수를 공부하게 되어 정말 기쁩니다. 나는 19세기의 독일 수학자 한켈입니다.

　우리는 '수'라고 하면 너무나도 쉽게 크기나 길이, 무게 등 우리 주변의 숫자들과 연관 지어 생각하게 됩니다.

　1800년대까지도 수 개념을 크기나 개수, 길이, 넓이 등의 양적인 면과 떼어서 생각할 수 없었어요. 학생이 지금 생각하는 것처럼. 하하.

　어떤 현상이 눈에 보이지 않으면 이해하기가 힘들죠. 물론 그 존재를 믿기도 어렵고요. 음수도 우리가 눈으로 확인할 수 있는 수가 아니랍니다. 그렇기에 음수를 수로 받아들이기까지는 많은 아픔이 있었어요.

내가 음수와 그 연산을 설명하더라도 그것은 직접 눈으로 확인할 수 있는 대상이 일반적이지 않기 때문이죠. 그럼에도 음수의 개념을 이제부터 차근차근 이야기하려고 합니다. 그리고 다른 학생들과도 함께 찾을 것입니다. 이에 앞서 역사 이야기와 수학자 이야기를 해 보죠.

이미 3세기 말의 수학자 디오판토스Diophantos는 □＋6＝0의 답인 □＝－6을 '불가능한 것'이라고 하였습니다. □가 포함된 등식등호'＝'로 연결된 식에서 양수와 음수의 부호에 관한 법칙이 있었습니다. 하지만 음수를 답으로 인정하지 않았어요.

□가 포함된 등식을 해결하기 위한 노력은 산술책에 음수의 부호에 대한 기록으로 나타납니다. 또한 소수를 발명한 16세기의 스테빈이나 17세기의 대 수학자 페르마의 책에도 음수의 계산이 나옵니다. 하지만 이는 양수의 근을 구하는 중간 과정으로 사용했을 뿐입니다.

수학자들은 점이나 직선과 같은 추상적인 개념의 사용에는 반대하지 않았습니다. 그러나 음수의 형식적인 면만을 인정하여 수학적 대상으로 받아들이기는 어려웠습니다.

결국 음수는 수학사에 등장한 지 1600년이 지난 19세기에 이르러서야 진정한 수학적 개념으로 받아들여졌습니다. 즉, 수로써 인정한 것이죠. 나에 의해 정수를 양이나 크기와 관련이 없이 공리적인 수학 구조 가운데 정의되는 자연수의 형식적인 확장의 결과로 인정하면서 가능하게 된 것입니다.

역사적 기원을 살펴볼 때 음수는 사실상 방정식의 풀이를 위하여 인정하였다고 볼 수 있습니다. 일차방정식의 근이 모든 경우에 존재한다고 하기 위해서 새로운 수가 필요하게 된 것입니다. 그 때문에 음수를 형식적 구조만으로 설명하게 되었지요.

자, 지금까지 간단하게 음수의 탄생 이유와 그 배경을 살펴보았습니다. 하지만 여전히 어렵죠? 오늘부터 차근차근 나와 함께 정수에 대한 탐험을 시작해 봅시다!

안녕하세요.

여러분과 음수를 공부할 독일의 수학자 한켈입니다.

나는 말도 많고 탈도 많던 음수의 존재를 완성했답니다.

넌 도대체 뭐냐?

19세기까지도 사람들은 수 개념을 크기나 개수, 길이, 넓이 등의 양적인 면으로 생각했죠.

사과 5개

5km

20cm²

복잡하지 않고 좋잖아?

하지만 음수는 우리의 눈으로 확인할 수가 없는 수이기 때문에 받아들이기가 힘들었습니다.

3세기

음수가 뭐야?

눈에 보이지 않는 건 수가 아냐!

□+6=0의 답은 □=-6이라고?

이건 불가능해.

음수는 절대 답이 될 수 없어.

디오판토스

17세기

계산할 때는 음수를 사용하긴 하지만 음수를 인정한다는 건…… 글쎄?

페르마

하지만 19세기에 비로소 나에 의해 음수가 수학적 개념으로 받아들여졌죠.

인정해야 돼!

음수

여러분, 그 말썽 많았던 음수의 세계로 함께 떠나 봅시다.

Let's go!

한켈의 개념 체크

23

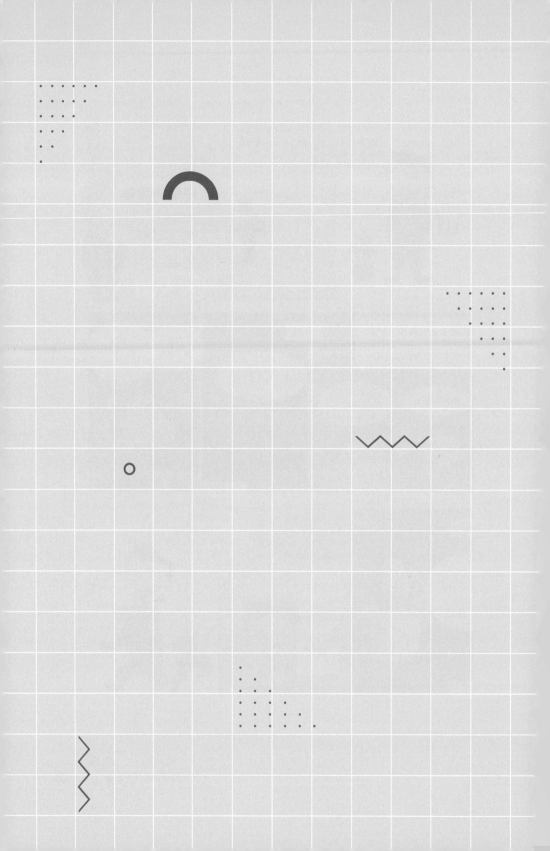

양수와 음수의 개념

음수의 역사를 통해 음수의 개념을 알아봅니다.
또한 양수와 음수, 정수와 유리수를 구분해 봅니다.

1. 양수와 음수가 어떤 수인지를 알고 쓸 수 있습니다.
2. 정수와 유리수에 대한 이해를 근거로 정수와 유리수들을 구별할 수 있습니다.

 **미리 알면 좋아요**

1. **양수**와 **음수**란?

양수 : 0 보다 큰 수

음수 : 0 보다 작은 수

2. **정수**란?

정수 : 자연수, 0, 음의 정수를 합쳐서 정수라 합니다.

양의 정수 : 정수 중에서 양수를 말합니다.

음의 정수 : -1, -2, -3, …… 등 정수 중에 음수를 말합니다.

3. **유리수** 두 개의 정수 a, 0이 아닌 b를 취하여 분수 $\dfrac{a}{b}$의 꼴로 나타내어지는 수

4. **방정식** 한 문자에 어떤 특정한 값을 대입할 때에 한하여 성립하는 등식

한켈의
첫 번째 수업

음수에 대한 연산도 중요하지만, 우선 음수의 개념을 이해하는 것이 중요합니다.

우리가 알고 있는 1, 2, 3, ……과 같은 자연수는 우리 눈으로 확인할 수 있는 '크기'를 가진 수라고 할 수 있습니다. 연필 한 개, 지우개 한 개, 공책 한 권의 공통적인 특성이 바로 '1'이라는 숫자로 표현되듯이 말입니다.

그렇다면 자연수가 아닌 음수는 어디에 존재하기에 그 수를 수학자들이, 또 우리 학생들이 생각할 수 있는 것일까요?

음수와의 첫 번째 만남 : 음수의 역사 알기

이집트나 바빌로니아 등의 고대에는 음수에 대한 기록이 발견되지 않았습니다. 음수가 처음 기록된 것은 1세기경 중국 한나라 시대의 수학책인《구장산술》입니다.《구장산술》은 총 9장으로 이루어져 있습니다. 이 책의 '방정장'에서는 양수와 음수의 세산법을 사용하여 덧셈과 뺄셈 문제를 다루고 있습니다. 여기서는 음수를 사용함으로써 계산이 효율적임을 나타냈다고 볼 수 있습니다.

간단하게 음수에 대한 기록을 살펴보면 다음과 같습니다.

중국에서는 3세기경에 유휘劉徽라는 사람이 나무 막대산목의 색깔로 양수와 음수를 구분하였습니다. 산算의 색깔이 구분되지 않을 때는 곧은 선분 형태의 산대는 양수를, 한 개의 막대를 비스듬히 올려놓은 산대는 음수를 의미하는 것으로 표현되었습니다. 이와 같은 개념은 7세기경 인도인의 회계 장부에서도 발견되었다고 합니다.

3세기경, 디오판토스Diophantos는 방정식의 해가 음수인 경우

그 방정식은 성립하지 않는다고 언급하였습니다. 그럼으로써 그는 음수를 수로 인정하지 않았습니다.

음수의 의미를 올바르게 설명한 사람은 인도 수학자인 브라마굽타Brahmagupta입니다.

그는 628년에 음수의 개념을 사용하였습니다. 인도인들도 양수를 이익이나 자산, 음수를 빚으로 나타내어 사용했다고 합니다. 인도의 수학은 아랍으로 전해졌고 그 계산법도 알려졌습니다. 그러나 아랍에서는 이를 거부하였습니다.

콰리즈미Khwarizmi는 음의 계수를 피하기 위하여 디오판토스가 제시하였던 다섯 가지의 방정식 계산법을 사용하였습니다. 바로 그것이 미지수를 사용하는 산술인 대수의 기원이 된 것입니다.

아랍으로부터 유럽으로 전해진 음수는 15, 16세기에 걸쳐 학자들에게 엉터리 수라고 비난을 받으며 인정되지 않았습니다. 15세기 독일의 수학자 비트만Widmann은 1486년에 처음으로 $+$, $-$의 부호를 써서 과부족을 나타내는 표시로 사용하였습니다. 그러나 데카르트Descartes는 답이 음수인 경우를 '거짓 근'이라고 불렀고, 파스칼Pascal은 '0보다 작은' 수는 존재하지 않는다고 하였습니다.

$-4x=20$이라는 식을 봅시다. 여러분은 여기서 x를 만족하는 값이 -5라는 것이 쉽게 이해가 되는지 궁금합니다. 어떻게 '음수 곱하기 음수'가 '양수'가 된다고 할 수 있습니까? 그리고 작은 수에서 큰 수를 어떻게 뺄 수 있습니까?

어떤 학자는 50원에서 70원을 뺀다는 것은 20원이 그냥 빼질 수 없는 수로 남아 있는 것이라고 설명하였습니다. -20은 우리가 볼 수 있는 하나의 대상이 아니라 20을 더 빼야 하는 것으로 생각할 수 있다는 것입니다.

이와 같이 음수는 한동안 부족하다는 의미를 가지고 양수에

대한 상대적인 양의 개념으로 사용되었습니다. 하지만 수로써
는 받아들여지지 않았습니다.

이와 같은 역사적 사실을 통해 인류가 음수를 형식적인 수
로 받아들이고 이해하기까지의 상황을 예측할 수 있습니다. 사

람들은 자연수인 양수에 대한 상대적인 수로 음수를 이해해 왔다는 것입니다. 이것은 음수의 의미가 외적으로 드러난 초기의 모습이라고 볼 수 있습니다. 그러나 이러한 음수에 대한 이해는 16세기 이후 많은 논쟁을 불러일으켰습니다.

음수가 수로써 인정받은 것은 16세기 데카르트에 의해서입니다. 음수는 모자라는 수가 아니라, 다만 어떤 기준보다 작은 수라고 정의함으로써 수직선상에 음수를 표시하였습니다.

이와 같이 음수의 개념은 16세기에 유럽에 소개되어 17세기가 되어서야 수로써 자리매김할 수 있었습니다. 오랫동안 음수가 인정되지 않았던 이유가 잘 이해되지 않는다고요? 여러분이 음수를 쉽게 받아들이기 어려운 이유, 즉 '0보다 작은 수가 어떻게 존재할 수 있는가?', '그 수는 어떻게 생각해야 하는가?'에 대한 대답이 쉽지 않았다는 측면에서 보면 이해가 될 것입니다. 자, 그럼 사람들이 받아들이기 어려웠던 음수를 한번 만나볼까요?

음수와의 두 번째 만남 : 음수 개념 알기
"아까 선생님께서 설명하신 것처럼 우리는 수를 주로 어떤 물

건이나 대상의 개수를 세는 것으로 여깁니다. 그것에 익숙해져서 음수를 쉽게 받아들이지 못한다고 생각합니다. 수라는 개념이 반드시 어떤 것을 세는 경우로 한정된 것은 아니니까요."

그렇습니다. 수라는 개념을 반드시 세는 경우로 한정하여 생각하는 것은 아니지요. 또한 음수를 존재하지 않는 수라고 생각할 수도 없을 것입니다. 우리가 생각하는 대상의 상대적인 개념으로 본다면 우리 주변에 존재하는 수가 되는 것이니 말입니다.

우리는 보통 음수를 빚에, 양수를 이득이나 재산에 비유합니다. 이러한 비유는 이미 7세기경 인도의 수학자 브라마굽타가 제시한 양수와 음수의 설명 방법입니다. 그렇게 설명할 수 있었던 이유는 음수를 부채와 같은 뜻으로 생각한 것이 아니라, 다만 부채로 생각해도 상관없기 때문입니다.

그러한 생각은 바로 '서로 반대 되는 성질을 가지는 수량'의 개념에서 시작된다고 볼 수 있습니다. 따라서 재산과 빚의 경우뿐만이 아니라 영상과 영하의 온도, 이익과 손해, 어떤 시점 이후의 시간과 이전의 시간, 무역에서의 흑자와 적자, 자산과 부채, 인구의 증가와 감소 등으로도 양수와 음수 개념을 설명할 수 있을 것입니다.

서로 반대되는 성질의 수량을 부호를 사용하여 한쪽을 + 로 나타낸다면, 다른 한쪽은 − 로 나타낼 수 있습니다. 이런 생각이 음수를 수로 받아들이게 한 시작인 것입니다.

여러분, 혹시 칸트Kant라는 18세기 철학자를 아십니까? 그도 역시 음수의 개념을 상대적인 양으로 설명하였습니다. 그렇다면 '상대적인 양'의 개념으로 음수를 생각해 봅시다.

지금까지는 무게나 크기, 길이, 개수, 넓이 등의 수 개념만을 생각해 왔습니다. 이제부터는 서로 반대되는 성질을 가진 수에 대하여 생각해 볼 것입니다.

자, 여러분! 내가 내는 문제에 대한 답을 생각해 보세요.

쏙쏙 문제 풀기

1. 오늘 서울의 온도는 영상 5°C입니다. 그리고 오늘 속초의 온도는 영하 1°C입니다. 어느 지역의 온도가 몇 도 더 낮은가요?

2. 어떤 잠수부가 일요일에는 해저 50m까지 내려가고, 월요일에는 해저 80m까지 내려갔습니다. 잠수부는 어느 날 더 낮게 내려갔나요?

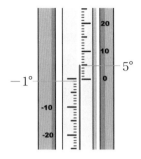

서울의 온도는 영상 $5°C$

속초의 온도는 영하 $1°C$

"선생님! 속초의 온도가 더 낮아요."

얼마나 더 낮은가요?

"온도계의 눈금을 세어 보면 알 수 있어요! 하나, 둘…… 그러니까 $6°C$가 더 낮아요."

그렇다면 서울의 온도는 속초의 온도보다 높다고 볼 수 있겠네요. 얼마나 높죠?

"마찬가지로 세어 보면 $6°C$가 더 높아요."

이와 같이 온도가 높은 경우와 낮은 경우는 상대적인 개념이라고 볼 수 있습니다. 하나의 값을 양의 값으로 놓으면 다른 하나는 양의 반대되는 값인 음의 값으로 생각할 수 있습니다.

따라서 높은 경우를 플러스 (+) 부호를 사용하여 나타낼 수 있다면 그 반대인 낮은 경우는 마이너스 (-) 부호를 사용하여 나타낼 수 있겠죠.

그리고 두 번째 질문에 대한 답은 무엇일까요?

"해수면으로부터 더 아래로 멀어지는 것이 낮은 것이니까 해
저 80m 아닌가요?"

해수면으로부터 더 아래로 내려간 것이 낮은 것이니까 맞네요.

그렇다면 해수면이나 지면을 0영이라고 보면, 그로부터 높이

올라가는 대상을 생각해 볼 수 있겠죠?

"네! 새요."

"비행기요."

"헬리콥터도 있어요!"

그래요. 비행기 같은 경우는 대략 해발 10km까지 난다고 합니다.

에베레스트의 최고봉 높이는 해발 1만 6천ft피트 정도 된다고 해요. 사람이 인공호흡기를 달지 않고 최고로 올라갈 수 있는 높이가 바로 그 높이랍니다.

그렇다면 지면으로부터 위로 올라갈수록 높은 것이겠죠. 이렇게 비교한다면 상대적으로 생각할 때 잠수부는 어느 날 더 '낮게'가 아니라 '높이' 잠수한 것인가요?

"음…… 50m이니까, 일요일이요."

그래요. 해발의 경우는 숫자가 클수록 높은 경우인데 해저의 경우는 좀 다르죠? 해저인 경우는 숫자가 더 작은 경우가 더 높이 있다고 볼 수 있네요.

다른 경우를 생각해 봅시다!

위 그림에서 한 아저씨가 외투를 입으면 1000원의 이익을 보는 것이며, 외투를 벗으면 500원의 손해를 보는 것이라고 합시다.

이때, 1000원의 이익과 500원의 손해를 부호를 사용하여 나타내 보세요.

손익에서 이익의 반대는 손해입니다. 그러니까 이익을 +로 나타낸다면 1000원의 이익은 +1000원, 500원의 손해는 −500원입니다.

그렇습니다. 이와 같이 서로 반대되는 성질을 가진 수량을 부호 + 또는 −를 사용하여 나타낼 수 있습니다.

이때 플러스(＋)를 0보다 큰 수로 양의 부호라고 합니다. 그리고 마이너스(－)를 0보다 작은 수로 음의 부호라고 합니다. 그리고 양의 부호(＋)가 붙은 수를 양수라고 하고, 음의 부호(－)가 붙은 수를 음수라고 하지요.

정리하자면 앞에서 이익이나 영상 기온은 양의 부호 ＋에 해당되는 개념이 되고, 손해나 영하 기온은 음의 부호 －에 해당되는 개념이 되겠지요?

자, 그러면 우리가 말로 표현할 수 있는 이러한 양과 음의 개념을 부호를 사용하여 수학적으로 나타내 봅시다.

쏙쏙 문제 풀기

다음 주어진 대상들을 부호 ＋, －를 사용하여 나타내 보세요.

지상 6층, 지하 7층, 출발 4시간 전, 출발 5시간 후

지상과 지하는 서로 반대되는 개념입니다. 따라서 지상을 ＋라고 하면 지하는 －가 되므로, 지상 6층은 ＋6층, 지하 7층은 －7층입니다.

출발 전과 출발 후도 마찬가지입니다. 현 시점을 0이라고 할 때, 그 전을 −라고 하면 그 후는 +라고 볼 수 있습니다. 따라서 출발 4시간 전은 −4시간이고, 출발 5시간 후는 +5시간입니다.

그동안 양과 음의 개념을 우리 주변의 상황이나 대상과 연관시켜서 생각해 보았습니다. 이제 그 의미가 좀 쉽게 이해가 되지요?

자, 그러면 본격적으로 설명을 해 보겠습니다. 겁을 먹을 필요는 없어요. 여러분은 이미 수학의 세계에 들어와 있으니까요. 그것도 멋지게!

양수는 양의 정수이며, 자연수에 +를 붙인 수입니다. 예를 들면, +1, +2, +3, ……과 같이 나타냅니다. 그리고 음수는 음의 정수이며, 자연수에 −를 붙인 수입니다. 예를 들면, −1, −2, −3, ……과 같이 나타냅니다.

지금까지 여러분이 경험했듯이 서로 반대 되는 성질의 수량을 표현할 수 있는 수가 바로 정수입니다. 그러한 정수는 양수 +1, +2, +3, ……와 0, 음수−1, −2, −3, ……로 이뤄지게 되는 것입니다.

조금 더 수학적으로 표현해 볼까요?

집합에서 사용하는 벤 다이어그램을 사용하여 나타내면 이렇게 될 것입니다.

유리수

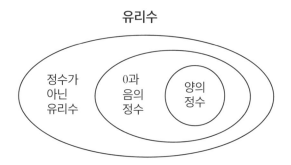

자! 그러면 다음에는 주어진 숫자 카드들이 각각 어떠한 수를 나타내는지 바구니에 담아 보세요.

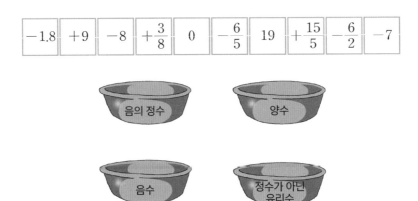

$$-1.8 \quad +9 \quad -8 \quad +\frac{3}{8} \quad 0 \quad -\frac{6}{5} \quad 19 \quad +\frac{15}{5} \quad -\frac{6}{2} \quad -7$$

음의 정수   양수

음수   정수가 아닌 유리수

"한켈 선생님! 우리가 한 선택이 서로 다르네요. 저는 −7을 음의 정수 바구니에 넣으려고 했고요. 제 짝은 음수 바구니에 넣으려고 해요."

네, 그럴 수 있습니다. 왜냐하면 음수가 어떤 수인지 자세하게 생각하지 않아서 그렇습니다. 음수란 음의 정수뿐만 아니라 음의 유리수까지 다 포함하는 수입니다. 그러니까 음의 유리수분수로 나타낼 수 있는 수가 음수이지요.

"아! 그러면 −7은 음수에도 들어가고, 음의 정수에도 들어가겠네요?"

그렇습니다.

"그럼 한켈 선생님, 유리수는 무엇인가요?"

분모와 분자가 정수인 분수로 나타낼 수 있는 수를 유리수라고 합니다. 단, 분모가 0이 되어서는 안 됩니다.

"그렇다면 유리수에는 정수로 나타낼 수 있는 유리수도 포함

되는 것인가요?"

그렇습니다. 카드 중에서 $-\frac{6}{2}$이나 $+\frac{15}{5}$는 모두 정수로 나타낼 수 있는 -3과 $+3$입니다. 하지만 이 수는 모두 분모와 분자가 정수인 분수로 나타낼 수 있기 때문에 유리수가 되는 것입니다.

"아, 알겠습니다. 그러면 $-\frac{6}{5}$ 같은 수는 정수로 나타낼 수 없는 유리수가 되는 것인가요?"

그렇습니다. 하하.

"한켈 선생님, 한 가지 질문하고 싶습니다."

네, 질문하세요.

"그러면 양수와 음수는 정수가 아니라, 음의 유리수와 양의 유리수로 확장해서 생각하는 것이 맞는 것입니까? 그리고 0보다 큰 수는 양의 부호 +를, 0보다 작은 수는 음의 부호 −를 붙이는 것이 맞습니까?"

아주 좋은 질문입니다.

'0보다 큰가 혹은 작은가.'라는 질문은 그 수가 음수인지 양수인지를 구분하는 기준이 되는 것입니다. 따라서 0보다 큰 수에는 양의 부호를 붙이고, 0보다 작은 수에는 음의 부호를 붙입니다. 그리고 양수와 음수는 정수가 아닙니다. 양의 정수와 음의 정수가 정수를 말하고 양의 유리수를 양수, 음의 유리수를 음수라 하는 것입니다.

"감사합니다."

❶ 부호를 가진 수

서로 반대되는 성질을 가지는 수량을 부호 + 또는 −를 사용

하여 나타냅니다.

• 양의 부호(+) : 0보다 큰 수

• 음의 부호(−) : 0보다 작은 수

❷ 양수와 음수

• 양수 : 양의 부호 +가 붙은 수

• 음수 : 음의 부호 −가 붙은 수

❸ 정수

• 양의 정수 : 자연수에 +를 붙인 수 $+1, +2, +3, \cdots\cdots$

• 0

• 음의 정수 : 자연수에 −를 붙인 수 $-1, -2, -3, \cdots\cdots$

❹ 유리수

분자, 분모가 정수인 분수로 나타낼 수 있는 수_{단, 분모는 0이 아님}

• 정수 : 양의 정수_{자연수}, 0, 음의 정수

• 정수가 아닌 유리수

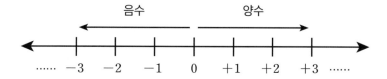

절댓값과 수의
대소 관계

수직선을 통해 정수의 대소 관계를 이해합니다.
그와 함께 절댓값의 의미도 알아봅니다.

1. 정수의 대소 관계를 이해하고 표현할 수 있습니다.
2. 정수를 수직선에 나타낼 수 있고, 절댓값의 의미를 이해할 수 있습니다.

1. **절댓값** 양, 음의 부호를 없앤 수로 양수와 0은 그 수 자신이며 음수는 부호를 없앤 수입니다.

2. **대소 관계** 수의 크기에 대하여 크고 작음, 같음에 대한 관계를 말합니다.
▶ 대소 관계는 부등호 '$<$, $>$' 또는 '$\leq$, $\geq$'를 사용하여 나타냅니다.

x는 a보다 크다 → $x>a$

x는 a보다 작다 → $x<a$

x는 a보다 크거나 같다 → $x\geq a$

x는 a보다 작거나 같다 → $x\leq a$

3. 모든 유리수는 수직선 위의 점으로 나타낼 수 있습니다.

한켈의
두 번째 수업

오늘은 햇살이 너무도 따스해서 운동장으로 나왔습니다. 여러분도 하늘을 한번 보세요. 그리고 크게 숨을 들이마셔 보세요. 기분이 훨씬 나아지는 것을 느낄 것입니다. 자, 그럼 여러분! 일정한 간격으로 일행으로 서 보세요.

"한켈 선생님, 길게 한 줄로 서는 것이 아니라 선생님 앞으로 죽 늘어서라는 뜻이죠? 임무 완수입니다. 하하."

잘했어요. 왼쪽에서부터 번호를 붙여 세어 보세요.

"하나, 둘, 셋, 넷, …… 서른하나요."

잘했습니다.

제가 질문을 하나 하죠. 지금 번호를 붙일 때, 하나를 외친 사람은 맨 왼쪽 사람이었습니다. 그렇다면 오른쪽에서부터 번호를 붙인다면 맨 왼쪽 사람은 뭐라고 외치게 되는 것이죠?

"서른하나입니다."

그렇다면 처음과 지금 번호를 붙인 것은 무엇이 다른가요?

"시작되는 사람이 다른 것 아닌가요?"

네, 시작하는 기준이 다르다고 볼 수 있습니다. 그러면 왼쪽에서 16번째에 서 있는 준섭이가 기준이 된다면 번호를 어떻게 붙여야 할까요?

"한켈 선생님, 그러면 왼쪽과 오른쪽이 생기는데 어떻게 해야 하나요?"

준섭이를 기준으로 오른쪽으로 번호를 붙여 보세요.

"하나, 둘, …… 열다섯."

이번에는 왼쪽으로 번호를 붙여 보세요.

"하나, 둘, 셋, …… 열다섯."

잘했습니다.

정한 대로 준섭이를 기준이라고 하고, 그 기준을 0이라고 했을 때, 여러분은 두 가지를 생각할 수 있습니다.

우선, 여러분이 늘어선 줄을 수학자 데카르트가 창안하였던 수직선이라고 본다면 0을 기준으로 두 가지 방향이 생기게 됩니다. 그중 오른쪽을 양의 방향이라고 한다면, 왼쪽은 음의 방향이 될 것입니다.

그리고 또 하나는 일정한 간격으로 늘어선 여러분의 위치가 기준으로부터 얼마만큼 떨어져 있는가에 대한 것입니다.

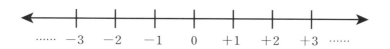

우선 아까 오른쪽으로 번호를 붙였을 때 '열'을 외친 사람이 누구죠?

"네, 양열이입니다."

그럼 왼쪽에서 '열'을 외친 사람은 누구였죠?

"네, 음십이입니다."

그렇다면 양열이와 음십이는 각각 준섭이로부터 떨어진 거리가 얼마인가요?

"우리의 위치는 방향은 반대이지만, 기준으로부터 떨어진 거리는 같지 않나요? 우리 둘 다 '열'이라고 외쳤으니까요."

맞습니다. 방향이 다르더라도 그 거리는 같을 수 있습니다.

그렇다면 수학에서는 이러한 현상을 어떻게 정의하고 있는지 알아볼까요?

절댓값과의 만남

우선, 여러분이 일정하게 늘어섰던 줄을 수학에서는 수직선이라고 볼 수 있습니다. 그리고 여러분은 각각의 수를 나타내는 점이 됩니다.

다시 정리하면, '직선 위에 원점 O를 기준점으로 잡아 좌우에 일정한 간격으로 점을 찍어 오른쪽에 양수, 왼쪽에 음수를 대응시킨 직선'을 수직선이라고 합니다. 그리고 이때, 기준이 매

우 중요합니다. 조금 전에도 우리가 기준을 어디로 보느냐에 따라 각 점의 명칭이 달라졌다는 것을 떠올려 보면 됩니다.

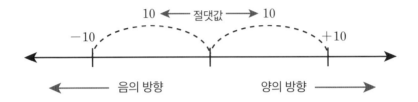

"한켈 선생님, 아까 준섭이로부터 방향이 다르더라도 떨어진 거리는 같을 수 있는 경우를 말씀하셨잖아요. 그런 경우에 대한 수학적인 해석도 있나요?"

'거리'라는 개념은 수직선에서도 생각할 수 있습니다. 여러분이 준섭이를 기준인 0이라고 하고 왼쪽과 오른쪽의 방향으로 나눠서 번호를 붙였지요. 그런데 그 번호에는 방향을 표시하지 않았습니다. 그렇죠?

"네! 그래서 양열이와 음십이가 모두 '열'이라고 외쳤고요."

수학에서는 수직선에서 어떤 수를 나타내는 점과 기준인 원점 사이의 거리를 절댓값이라고 합니다. 그렇다면 아까 여러분이 부호를 생각하지 않고 붙인 번호는 바로 기준인 원점과 자신의 위치 사이의 거리인 절댓값이라고 볼 수 있습니다.

이러한 절댓값은 수학적으로 표현하는 방법이 따로 있습니다. 예를 들어, −3과 원점 사이의 거리가 3이라는 것을 수학적으로 나타내면 다음과 같습니다. −3의 절댓값의 표현은 |−3|입니다. 따라서 |−3|＝3인 것입니다.

"아하! 그러면 그 막대기 안에 양이나 음의 부호와 숫자를 넣으면, 그 뜻은 원점과 그 수와의 거리를 말하는 것이군요. 그러면 절댓값은 항상 부호를 떼어 낸 수와 같은 것이니까, |＋3|＝3이

라고 하는 것이죠? 그런데 |＋3|＝＋3이라고 쓰면 안 되나요? 자연수와 양수가 같은 것으로 알고 있는데 아닌가요?"

음, 자연수는 양수로 나타낼 수 있습니다. 하지만 양수는 음수에 대한 상대적인 개념입니다. 그러니까 방향을 포함하는 수라고 볼 수 있지만 자연수에는 방향성이 없습니다. 따라서 양수나 자연수는 엄밀히 보면 다른 의미라고 볼 수 있습니다.

마찬가지로 '거리'라는 개념에는 방향의 의미가 없습니다. 따라서 절댓값은 음의 부호(－)를 제외해야 하는 것입니다.

"아하! 알겠습니다. 그러면 제가 다른 절댓값들도 한번 써 보겠습니다. 맞는지 봐 주세요!"

$$\left|+\frac{1}{2}\right|=\frac{1}{2}, \left|-\frac{3}{5}\right|=\frac{3}{5},$$
$$|-1000987|=1000987, |+677|=677, |0|=0$$

모두 맞군요.

"한켈 선생님, 그런데 0의 절댓값이 0인가요?"

절댓값이란, 수직선에서 어떤 수와 원점 사이의 거리라고 했으니까 원점과 원점 사이의 거리는 0이므로 절댓값도 0이겠죠?

"아하! 네, 맞습니다. 한켈 선생님."

수학의 가장 중요한 특성 중 하나는 바로 기호로 나타내는 것입니다. 단순하고 간편한 기호로 표현하지만 그 속에는 참 깊은 의미를 담고 있지요. 그렇기 때문에 단점도 있어요. 어느 정도 시간이 지났을 때 여러분이 공식이나 수로 표현된 등식을 대하면 생각을 하지 않고 무조건 계산만 하려 드니까요.

"맞아요, 한켈 선생님. 구구단을 외우면서도 그 의미를 잊을 때가 많아요. 덧셈과 상관없이 곱셈이 존재하는 것처럼 생각되고요. 하하."

여기서 우리는 수의 크기를 생각할 수 있습니다. 수직선에서 한번 생각해 봅시다.

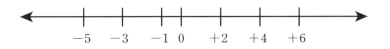

여기 제시된 수직선에서 보듯이 오른쪽으로 갈수록 수의 크기가 커진다는 것을 알 수 있습니다. 그러므로 +2보다는 +4가 크고, +4보다는 +6이 큰 수입니다. 음수의 경우도 마찬가지입니다. -5보다는 -3이 크고, 그보다는 -1이 큰 수라는 것을 알 수 있습니다.

"와! 음수에서는 양수처럼 생각한다면 절댓값이 큰 -5가 -1보다 더 큰 것 같은데 그것이 아니군요. 그러면 음수의 경우는 절댓값이 클수록 작은 수가 되는 것인가요?"

그렇습니다. 큰 수라는 개념은 수직선에서 비교할 때는 수들 중에서 어떤 수가 더 오른쪽에 위치하는가를 판단하는 것과 같습니다. 따라서 오른쪽에 있을수록 '큰' 수가 되는 것이기 때문에 음수의 경우에서도 같은 방법으로 생각하면 절댓값이 작은 수가 더 '큰' 수가 되는 것입니다. 다시 말해서 원점으로부터 더 가까운 위치에 있는 수, 즉 절댓값이 더 '작은' 수가 '큰' 수가 되는 것입니다.

부등호와의 만남

자, 그러면 수학의 존재를 더 빛나게 하는 이유 중의 하나인 기호에 대하여 다시 한번 이야기해 볼까요?

여기 무와 호박 두 개가 있어요. 그리고 양팔 저울도 있어요.

양팔 저울을 이용하여 무게를 측정해 보니 무의 무게는 호박의 무게보다 가볍지만 호박 두 개의 무게는 같아요. 그러면 우리가 배운 대로 무와 호박을 일렬로 세워 놓는다면 왼쪽에는 작은 것을 놓아야 하니까 무를 놓으면 되지요. 오른쪽에는 호박을 놓아야 하는데 어떻게 놓아야 할까요?

"두 개를 묶어 놓아요."

"아니에요! 두 개를 쌓아 놓아요."

그래요. 우리는 수의 크기를 수직선에 나타냄으로써 말로 표현하는 것 외에 또 다른 표현이 가능하다는 것을 배웠어요. 이와 같이 무게가 같은 경우를 수직선에 나타낸다면 그 위치를 표시하고 두 개의 호박들을 같은 위치에 놓으면 되고, 늘어놓는다면 여러분 말처럼 놓을 수 있을 것입니다.

기호로 표시한다면 어떻게 놓을 수 있을까요?

"부등호를 사용하면 될 것 같아요."

무와 호박을, 호박과 호박의 크기를 기호로 나타내면 이렇게 되겠죠.

자, 그러면 'A≦B' 또는 'A≤B'는 무슨 뜻일까요? 두 부등식은 같은 의미입니다. '≦'와 '≤'가 같은 뜻이라는 이야기입니다. 누가 설명해 볼까요?

"A가 B보다 작거나 같다는 뜻입니다. 그러니까 작을 수도 같을 수도 있다는 뜻이죠."

아, 승현이군요. 맞아요. 다른 말로 표현하자면, 'A는 B보다 크지 않다' 또는 'A는 B 이하'라고 할 수 있어요. 또 다른 예를 들어 볼게요. 'X≥5'라고 한다면, X는 5, 6, 7, ……이 된다는 뜻이죠. 이것을 말로 표현하면 어떻게 될까요? 승현이가 다시 말해 볼래요?

"X는 5 이상 또는 5보다 크거나 같다.'라는 뜻입니다. 아, 그리고 'X는 5보다 작지 않다.'라고 할 수도 있고요."

그렇습니다. 정확합니다.

수학이라는 학문은 어떤 현상을 기호나 문자로 나타내는 데 그 핵심이 있습니다. 여러분도 그 핵심을 중요시하길 바랍니다. 그리고 자기 주변의 상황이나 현상을 수학적으로 생각해 보도록 하세요.

❶ **수직선** 직선 위에 원점 O를 기준점으로 잡아 좌우에 일정한 간격으로 점을 찍어 오른쪽에 양수, 왼쪽에 음수를 대응시킨 직선

❷ **절댓값**

수직선에서 어떤 수를 나타내는 점과 원점 사이의 거리

절댓값이 a단, $a>0$인 수는 $+a$와 $-a$의 두 개가 있습니다.

▶ $|0|=0$

❸ **수의 대소 관계**

• 음수$<0<$양수

• 양수는 절댓값이 큰 수가 큽니다.

• 음수는 절댓값이 큰 수가 작습니다.

▶ 수직선 위에서는 오른쪽에 있는 수일수록 크고, 왼쪽으로 갈수록 작습니다.

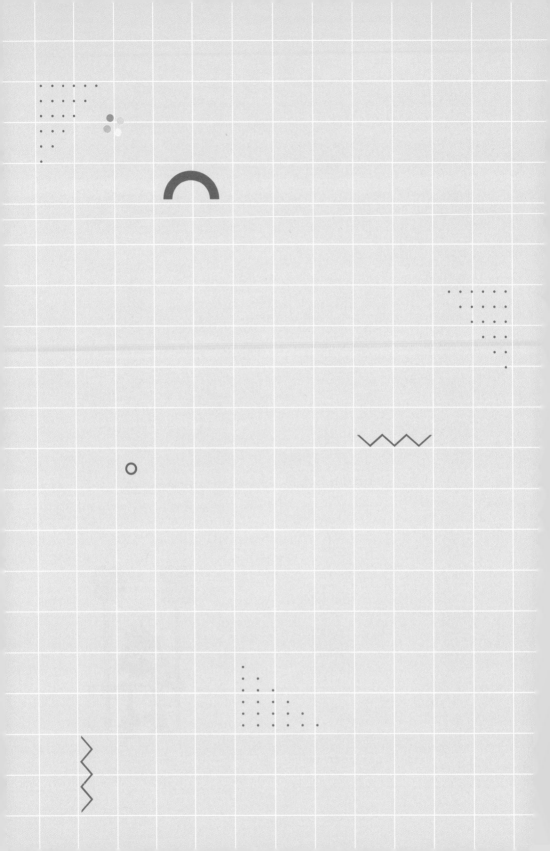

정수의
덧셈과 뺄셈

정수의 덧셈과 뺄셈의 의미와
계산 방법에 대하여 알아봅니다.

1. 정수의 덧셈과 뺄셈의 원리를 이해합니다.
2. 정수의 덧셈과 뺄셈을 익숙하게 할 수 있습니다.

미리 알면 좋아요

1. **덧셈의 교환법칙** 두 정수를 더할 때 두 수의 순서가 바뀌어도 그 합은 같은 것

2. **덧셈의 결합법칙** 세 개의 정수인 a, b, c를 더할 때, 먼저 a와 b의 합에 c를 더하는 것과 a에 b와 c의 합을 더하는 것이 같다는 것

한켈의
세 번째 수업

이번 시간에는 '보물찾기'를 할 것입니다. 그런데 그 보물은 아주 깊은 산속이나 언덕 또는 바닷속에 숨겨진 것이 아닙니다. 그 보물은 아주 긴 다리 위에 숨겨져 있습니다. 그 다리의 이름은 수직선입니다.

자신의 보물을 찾기 위해서는 규칙을 잘 지켜야 하죠. 이제부터 방법을 설명해 줄게요. 여러분은 우선 내가 나눠 준 쪽지를 보고 거기에 쓰여 있는 대로 공책에 그린 수직선 다리 위에서 움직여 그 위치를 찾아 기록하면 됩니다. 그러기 위해서는 우선 자신의 공책에 수직선 다리를 그리세요. 그리고 쪽지를 펴서 자신의 보물 위치를 찾으세요.

자, 그럼 시작해 볼까요?

정수의 덧셈과의 첫 번째 만남

준섭이는 쪽지에 무엇이라고 쓰여 있었죠? 보물을 찾았나요?

"제 쪽지에는 '처음 위치(0)에서 동쪽으로 6km를 가다가 다시 방향을 바꾸어 서쪽으로 4km를 가면 거기에 보물이 있다.'라고 적혀 있었습니다. 우선 동쪽은 '양의 방향'을 말하는 것이기에 오른쪽으로 6칸을 갔습니다. 다음은 서쪽이니까, 그 방향은 '음의 방향'을 뜻하는 것이라고 생각해서 다시 왼쪽으로 4칸을 갔습니다. 그래서 '양의 정수 2'가 되었습니다. 여기가 제 보물이 위치한 곳입니다."

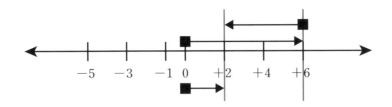

맞습니다. 암호와 같은 글귀를 잘 해석했어요. 그럼 그 설명을 우리가 아는 식으로 표현할 수 있을까요?

"식이요? 잘 모르겠어요."

"한켈 선생님, 전 혜성인데요. 준섭이의 쪽지 내용을 식으로 나타낼 수 있어요. 처음 간 거리를 양수 6, 그다음에 이동한 거리를 음수 4라고 하여 식으로 표현하면, $(+6)+(-4)=+2$라고 말입니다."

맞습니다. 그러면 혜성이 쪽지에는 어떤 주문이 쓰여 있었죠?

"제 쪽지에는 '처음 위치(0)에서 서쪽으로 5km를 먼저 간 후에 동쪽으로 7km를 가면 그 자리에 보물이 있을 것이다.'라고 쓰여 있었습니다. 그래서 저는 우선 서쪽은 음의 방향을 말하므로 왼쪽으로 5칸을 먼저 간 뒤에, 동쪽은 양의 방향을 말하는 것이므로 오른쪽으로 7칸을 갔습니다. 그랬더니 양수 2가 나왔습니다."

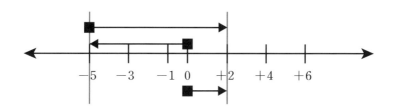

그것을 식으로 표현할 수 있나요?

"네! 물론입니다, 한켈 선생님. 처음 간 것이 음수 5이고 그다음 가야 하는 것이 양수 7이므로 그것을 식으로 표현하면, $(-5)+(+7)=+2$와 같이 됩니다."

"+2와 2는 다른 것인가요?"

아닙니다. 단지 방향을 나타내기 위하여 양의 부호를 기록하는 것인데, 그냥 '2'라고 쓰면 양수를 말하는 것이므로 동일한 표현입니다.

다른 사람도 자신의 쪽지를 설명하고 식으로도 나타내어 보세요. 승현이도 발표하고 싶은가요?

"네, 한켈 선생님. 하하. 제 쪽지에는 '처음 위치(0)에서 서쪽으로 3km를 간 후 다시 서쪽으로 2km를 가면 그 자리에 보물이 있을 것이다.'라고 쓰여 있었습니다. 우선 처음 위치인 0으로부터 서쪽은 음의 방향을 말하는 것이므로 왼쪽으로 3칸을 가고 다시 왼쪽으로 2칸을 간 곳에 표시를 하였습니다."

그 자리 위치가 어디인지 식과 함께 설명할 수 있을까요?

"물론입니다, 한켈 선생님. 처음 간 곳은 음수 3이고 그 곳으로부터 음의 방향으로 2칸을 더 가는 것이므로 이를 식으로 표

현하면, $(-3)+(-2)=-5$입니다. 따라서 제 보물은 음수 5의

위치에 있습니다."

정말 훌륭합니다. 여러분, 처음에는 의미상 음의 방향과 양

의 방향이 늘어나거나 줄어드는 상황이라고 생각해도 좋습니

다. 하지만 모든 경우에 이 성질을 적용하려고 해서는 안 됩니다. '음수'는 우리가 볼 수 있고 느낄 수 있는 대상이 아닌 '양수'의 상대적인 개념으로 생각하고, 그다음에는 어떤 필요에 의해서 만들어진 수라고 생각해야 합니다.

□＋10＝7과 같은 경우가 가장 적절한 예입니다. 주어진 식의 □ 값은 우리가 지금까지 보았던 자연수에서는 찾을 수 없습니다. 수학의 역사에서도 음수가 자연수와 같이 직접 보고 확인할 수 있는 수로 생각되지 않았기 때문에 그것을 수로 받아들이는 과정이 힘들고 길었던 것입니다. 음수는 수학적 구조를 위하여 형식적으로 받아들인 수라고 생각해야 합니다.

자, 이번에는 다른 질문을 해 보겠습니다.

현재 서울의 온도는 영하 1도(−1)이고, 속초의 온도는 영하 4도(−4)입니다. 그렇다면 서울의 온도는 속초의 온도보다 몇 도가 더 높은 것입니까? 누가 말해 볼 수 있을까요?

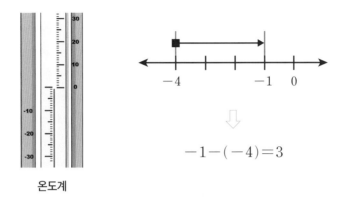

$$-1-(-4)=3$$

온도계

"한켈 선생님, 제 이름은 영하입니다. 제가 한번 설명해 보겠습니다. 음, 우선 서울의 온도와 속초의 온도 사이의 차를 질문하는 것이라고 생각합니다. 그래서 저는 온도계 그림을 그려서 생각하였습니다. 그 온도 차이는 3도입니다."

맞습니다. 차이가 3도라는 것이 말입니다. 다른 방법으로 구할 수는 없을까요?

"저는 수직선을 이용하여 그 차이를 구했습니다."

그럼 준섭이는 식으로 표현하면 어떻게 되는지도 알고 있나요?

"네. 두 수의 차이, 즉 음수 1이 음수 4보다 얼마나 큰가를 묻는 것이므로 큰 수에서 작은 수를 빼면 된다고 생각합니다. 그래서 식으로 표현하면 이렇게 됩니다."

$$-1-(-4)=3$$

준섭이가 뛰어 나와 칠판에 적었습니다.

$-1-(-4)=3$은 우리가 앞에서 경험했던 식과는 다른 뺄셈식이군요. 비슷한 다른 상황을 살펴보죠. 음수 1과 음수 1의 차이, 음수 1과 음수 2의 차이, …… 음수 1과 음수 6의 차이, 음수 1과 음수 7의 차이, 음수 1과 음수 8의 차이 등을 비교해 보면 어떤 규칙을 찾을 수 있을까요?

$-1-(+3)=$	$-1-(-3)=2$
$-1-(+2)=$	$-1-(-4)=3$
$-1-(+1)=$	$-1-(-5)=4$
$-1-(0)=$	$-1-(-6)=5$
$-1-(-1)=0$	$-1-(-7)=6$
$-1-(-2)=1$	$-1-(-8)=7$

$\Rightarrow$ **?**

그리고 음수 1과 양수 1과의 차이, 양수 2, 양수 3과의 차이를 비교하면 또 어떤 규칙을 찾을 수 있을까요?

한켈은 칠판에 자신이 말했던 뺄셈을 순서대로 기록했습니다.

우선 여러분이 제가 칠판에 적은 식들의 규칙에 대하여 생각해 보고, 답이 적혀 있지 않은 곳에 답을 써 보세요.

"네. 우선 첫 번째 질문에 대한 답을 알 수 있을 것 같아요, 선생님. <u>뺄셈 다음에 나온 음의 부호</u>는 <u>덧셈과 양의 부호</u>로 바꾸어 생각해도 같은 것 같습니다. 그러니까 $-1-(-4)=3$ 식은 $-1+(+4)$, 즉 $-1+4$가 되어 답이 3이 되는 것이고요."

맞습니다. 수학의 매력은 기호와 규칙의 발견이라고 생각합니다. 여러분도 그 매력을 느끼기 시작한 것 같습니다. 그렇다면 정수의 뺄셈을 덧셈으로 바꾸어 생각할 수 있다는 것을 이제 알았겠죠? 음, 칠판 앞에 답이 적혀 있지 않은 식에도 답을 썼나요?

"네. 그런데 맞는지는 잘 모르겠어요. 우선 뺄셈이니까 두 수 사이의 차이를 말하는 것이고요. $-1-(+3)$은 (-1)과 $(+3)$의 차이니까 답은 결국 정수의 덧셈과 같은 것 같아요. 앞에서 동쪽과 서쪽으로 간 거리의 차이요. 그 식은 $-1+(-3)$과 같은 것이니까 답은 -4이고요. 다른 식들도 연결해서 생각하면 그 답이 나와요."

맞습니다!

$-1-(+3)=-1+(-3)=-4$, $-1-(+2)=-1+(-2)=-3$, $-1-(+1)=-1+(-1)=-2$, $-1-(0)=-1$ 이 되는 것이죠. 정수의 뺄셈을 정수의 덧셈으로 바꾸어서 생각하면 되는 것입니다. 그럼 정리해 볼게요.

쏙쏙
이해하기

> 첫째, 다른 부호의 두 정수의 합은 절댓값의 차에 절댓값이 큰 수의 부호를 붙인다.
>
> 둘째, 서로 같은 부호의 정수의 덧셈은 두 수의 절댓값의 합에 공통된 부호를 붙인다.

그렇다면 여러분이 발견하기 시작한 규칙을 보다 체계화해 봅시다.

여기 검은 바둑돌을 양수라고 하고, 하얀 바둑돌을 음수라고 합시다. 규칙은 하얀 돌과 검은 돌이 만나면 둘 다 없어진다는 것입니다. 그 이유는 여러분이 생각하는 '$-1+1=0$'이라

는 등식 때문입니다. 자, 그럼 여기 접시에 바둑돌을 놓을 테니 먼저 답을 말하고 그다음 접시 위의 바둑돌들을 식으로 바꿔서 생각해 보세요.

승현이가 설명해 볼까요?

"네. 처음 접시는 검은 돌과 하얀 돌을 하나씩 지워 나가면 하얀 돌 한 개가 남습니다. 하얀 돌은 음수이므로, 그 접시는 '-1'이 됩니다. 식으로 표현하면 $6+(-7)=-1$이 되고요. 나머지 접시도 그런 식으로 표현하면 두 번째 접시는 $6+(-1)=5$이고요, 세 번째 접시는 $2+(-7)=-5$입니다."

$6+(-7)=-1$ $6+(-1)=5$ $2+(-7)=-5$

맞습니다. 그러면 두 번째 그룹의 접시들은 어떨까요? 바둑돌을 앞에서처럼 지우지 말고 그냥 식으로 표현하고 답을 써봅시다.

$3+(-7)=-4$ $2+(-4)=-2$ $5+(-7)=-2$

"한켈 선생님, 저는요. 접시를 보니까 식이 그냥 써지는데요? 그러니까 검은 돌은 양수니까 그 수를 세서 쓰고, 하얀 돌은 음수니까 그 수를 세서 음의 부호를 붙여서 수를 썼어요. 그리고 답은 절댓값이 큰 수에서 작은 수를 빼서 큰 수의 부호를 붙이면 되는 것 같은데…… 아닌가요?"

준섭이가 이제 규칙을 깨달았군요. 앞에서 동쪽과 서쪽의 경우나 온도계, 바둑돌의 예를 공부하면서 정수의 덧셈과 뺄셈의 규칙을 알아냈군요. 맞습니다.

그렇다면 여러분이 기록한 수식에서 검은 돌을 모두 먼저 썼는데, 그 순서를 바꾸어서 하얀 돌을 먼저 쓰면 그 답이 달라진다고 봅니까?

"아니요. 검은 돌이나 하얀 돌, 그 어떤 것을 먼저 써도 답은 같습니다. 예를 들어 보자면, 두 번째 그룹의 첫 번째 접시의 경우에서처럼 $3+(-7)=-4$는 $-7+3=-4$와 같다는 것입니다."

그래요. 어떤 정수 a, b가 있을 때, 그 두 수는 $a+b=b+a$ 가 다 성립한다고 볼 수 있겠죠?

그것이 바로 정수의 덧셈에서 교환법칙이 성립한다고 보는 이유입니다.

한켈이 들려주는 정수 이야기

❶ 정수의 덧셈

- 부호가 같은 경우 : 절댓값의 합에 공통된 부호를 붙입니다.

- 부호가 다른 경우 : 절댓값의 차에 절댓값이 큰 쪽의 부호를 붙입니다.

❷ 덧셈의 계산 법칙

- $a+b=b+a$ 교환법칙

- $(a+b)+c=a+(b+c)$ 결합법칙

▶ 절댓값이 같고 부호가 다른 수의 합은 0입니다.

❸ 정수의 뺄셈

- 정수의 뺄셈은 빼는 수의 부호를 바꾸어 더합니다.

- 덧셈과 뺄셈이 혼합된 경우에는 뺄셈을 덧셈으로 고친 후 양수는 양수끼리, 음수는 음수끼리 모아서 계산합니다.

▶ 부호가 없는 수는 '+'가 생략된 것입니다.

수학적 규칙과
음수의 곱셈

일정한 규칙을 통해
정수의 곱셈 원리를 알아봅니다.

1. 정수의 곱셈의 원리를 이해합니다.
2. 정수의 곱셈을 익숙하게 할 수 있습니다.

미리 알면 좋아요

1. 임의의 수와 0과의 곱은 항상 0입니다.

2. 곱셈의 계산 법칙

$a \times b = b \times a$ 교환법칙

$(a \times b) \times c = a \times (b \times c)$ 결합법칙

$a \times (b+c) = a \times b + a \times c$ 분배법칙

한켈의
네 번째 수업

오늘도 여전히 준섭이와 승현이가 맨 앞에 앉았군요! 반갑습니다. 뒤에 앉은 다른 분들도 반갑습니다.

오늘은 아주 특별한 손님을 모시고 수업을 진행하려고 합니다. 이 분은 여러분에게 중요한 이야기를 하시기 위해서 나와 마찬가지로 아주 멀고도 먼 과거인 기원전 200년대에서 오신 분입니다.

들어오세요. 디오판토스 선생님.

　안녕하세요! 이렇게 여러분을 만나고 또 내 이야기를 할 수
있게 되어서 무척 기쁩니다.

　우선 여러분에게 한 가지 고백할 것이 있습니다. 나는 사실
'음수'를 알고 있었습니다. 방정식을 좋아하여 풀던 나는 방정
식의 해 중에는 양수로 표현되지 못하는 것이 있다는 것을 알
고 있었습니다. 그러나 그것을 '엉터리 수'라고 하면서 그 존재
를 부정하였습니다.

음수를 여러분에게 보여 줄 수도 설명할 수도 없었기 때문이라고 변명하겠습니다. 그래서 방정식 문제를 다룬 내 책인《산술Arithmetica》에서 설명되는 방정식 $4x+20=4$의 해 $x=-4$는 불가능한 것이라고 서술하였습니다. 이렇게 설명한 이유는 $4x+20=4$에서 우변의 4는 20에 $4x$를 더한 것이므로 그것은 20보다 커야 한다고 생각했기 때문입니다.

　　그런데 나는 사실 $(-3)(-4)=+12$라는 것을 알고 있었지만 이 사실을 여러분이 이해할 수 있는 방법으로 설명할 수는 없었습니다. 그리고 방정식의 풀이 방법을 다섯 가지 유형으로 나누어 설명했지만 음수를 부정하였기 때문에 그 방법을 아주 독립적으로 다룰 뿐이었습니다.

　　그렇지만 음수를 부정한 사람이 비단 나뿐만은 아닙니다. 16세기 유럽의 수학자들도 음수를 인정하지 않았습니다. 예를 들면, 데카르트도 음의 근을 '거짓 근'이라고 불렀고, 파스칼도 '0보다 작은 수'는 존재하지 않는다고 하였습니다. 그리고 18세기 프랑스의 수학자 아놀드도 음수에 대하여 '작은 수에서 큰 수를 빼는 것이 어떻게 가능한가?', '음수 곱하기 음수가 양수가 되는 것은 모순이다.'라고 의문을 제기하였습니다.

그들은 모두 나와 같이 0보다 작은 수는 존재할 수 없다는 생각에서 음수를 인정하지 않았던 것입니다. 하지만 18세기 오일러는 음수에 대하여 '상상에서만 존재한다. 아무것도 우리가 이 가상의 수를 사용하고 계산에서 사용하는 것을 막지는 못한다.'라고 하면서 음수 존재에 대하여 긍정의 빛을 보내기 시작했습니다.

이렇게 불가능한 수, 상상의 수는 음수만 존재하지는 않습니다. $x^2 = -2$를 만족하는 x는 허수입니다. 허수도 음수와 마찬가지로 실제로는 존재하지 않습니다.

이러한 상상 속에서만 존재하는 수들은 계산 대상으로써 수학자들에 의해 사용되기 시작했습니다. 19세기 초 피콕Peacock과 한켈Hankel에 의해서 음수의 존재성을 거부할 수 없게 된 것입니다.

하하. 이제야 내 이름이 나오는 군요.

나는 음수를 실제적인 것을 나타내는 대상이 아니라, 형식적인 구조대수적 구조를 이루는 것으로 보았습니다. 즉, 양의 개념을 설명하는 자연수처럼 취급하지 않고 순전히 형식적으로만 설명하고자 하였습니다. 다시 말하면 $x+5=1$을 설명하기 위해 음수를 인정하고 사용한 것입니다. 그런 점에서 본다면 여기 계신 디오판토스 선생님의 공이 크다고 볼 수 있습니다.

"한켈 선생님! 그러면 피콕 선생님이 말씀하셨던 것은 무엇인가요?"

음, 예를 들면 이런 것입니다.

음수 $1(-1)$이 세 개$(+3)$이면 음수 $3(-3)$이 되고, 다시 음수 $1(-1)$이 두 개$(+2)$이면 음수 $2(-2)$가 되고, 음수 $1(-1)$이 한 개$(+1)$이면 음수 $1(-1)$이 되고…… 계속 이렇게 음수 $1(-1)$에 곱하는 수를 하나씩 줄여 가면서 진행하다 보면 그 답은 하나씩 늘어나고 있다는 규칙을 발견하게 됩니다. 다시 말해서 곱하는 수가 $3, 2, 1, 0,$ ……과 같이 줄어들면 그 답은 $-3, -2, -1, 0,$ …… 이렇게 늘어나게 된다는 이야기입니다.

$$\vdots$$
$$-1 \times 3 = -3$$
$$-1 \times 2 = -2$$
$$-1 \times 1 = -1$$

$$-1 \times 0 = 0$$
$$-1 \times -1 = 1$$
$$-1 \times -2 = 2$$
$$-1 \times -3 = 3$$
$$-1 \times -4 = 4$$
$$\vdots$$

여기서 두 개의 규칙이 또 발견됩니다.

"알겠어요. 그것은 (음수) × (양수) = (음수)라는 것과 (음수) × (음수) = (양수)라는 규칙입니다."

준섭이가 맞혔군요!

계속 곱하다 보면 나열된 곱셈식에서 준섭이가 말한 (음수) × (양수) = (음수)와 (음수) × (음수) = (양수)라는 규칙을 발견할 수 있습니다. 피콕은 이를 '형식 불역의 원리'라고 설명했습니다. 이제 이해가 좀 됩니까?

"네, 한켈 선생님."

그럼 여러분, 음수라는 개념이 비록 형식적으로 접근해야 설

명이 가능한 수이지만 음수의 곱셈에 대하여 실제 상황을 문제로 제시할 수 있을까요?

학생들이 순간 조용해졌습니다.

음, 제가 조금 나서도 될 것 같은데…… 그래도 될까요?

"물론입니다, 디오판토스 선생님."

음, 시간과 속력의 관계에서 설명을 해 보겠습니다.

예를 들어, 아까 준섭이라고 했나요?

"네, 디오판토스 선생님."

하하. 그래요. 그럼 준섭이가 동서로 뻗어 있는 철도 길을 따라 간다고 합시다. 그때 준섭이가 기분이 좋아서 서쪽으로 시속 5km로 빠르게 걸었다고 합시다.

현재 준섭이의 위치를 0이라고 한다면 3시간 뒤의 위치는 어디라고 할 수 있습니까?

"음, 제가 서쪽으로 걸어가니까 그것은 음의 방향이고 음수 5의 3배이니까 음수 15. 즉, 서쪽으로 15km를 간 위치라고 생각하는데 맞습니까?"

준섭이의 설명이 맞을까요? 다시 한번 수직선으로 확인해 봅시다.

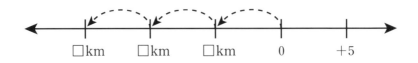

우선 준섭이의 위치는 수직선을 사용해서 나타낼 수 있습니다. 1시간에 서쪽으로 5km씩 이동하니까 서쪽은 음의 방향이죠. 그러므로 1시간($+1$)이 지나면 서쪽으로 5칸 움직이므로 음수 5(-5)에 위치합니다. 3시간 후($+3$)면 5칸씩 세 번을 움직이는 것이므로 음수 15가 되는 것입니다.

이렇게 설명해 보니 준섭이의 설명이 옳다는 것을 알 수 있겠죠? 이것을 식으로도 표현할 수 있을까요?

"네. 서쪽으로 1시간에 5km씩 움직이는 것은 음수 5(-5)로 표현한다고 하셨고 3시간 후라고 하셨으니까 음수 5(-5)의 3배를 말합니다. '후'의 개념은 양의 개념이므로 양수 3($+3$)배한 것이기 때문에 곱셈을 의미합니다. 따라서 식은 $-5 \times 3 = -15$입니다."

맞습니다. 아까 한켈 선생님이 말한 승현이군요. 그러면 승현이는 (음수)$\times$(음수)$=$(양수)의 상황을 만들 수 있나요?

"네. 디오판토스 선생님의 상황을 그대로 사용해서 설명하겠습니다. 서쪽으로 시속 2km로 가고 있는 제가 현재 위치를 0이라고 할 때 '3시간 전의 위치가 어디였을까?'라는 질문을 제시하면 될 것 같습니다. 그 이유는 서쪽이니까 음의 방향이고 시간의 흐름에서 '몇 시간 전'이라는 것은 아까 '몇 시간 후'의 개념을 양의 개념으로 설명했기 때문입니다. 1시간에 서쪽으로 2km씩 가는 것이므로 음의 방향으로 2km씩 세 번을 온 것이 0이어야 합니다. 따라서 3시간 전에는 동쪽으로 6km 지점에 위치해야 세 번을 움직여서 0인 현재 위치에 있을 수 있습니다. 그래서 3시간 전의 제 위치는 양수 6(+6)입니다."

승현이의 답변도 마찬가지로 수직선으로 확인해 보겠습니다.

우선 현재의 위치가 0이고, 지금으로부터 3시간 전의 위치를 묻는 질문이므로 1시간에 어느 방향으로 얼마만큼 움직이는지를 파악해야 합니다.

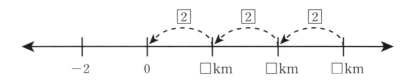

1시간에 2km씩 서쪽으로 움직이므로 이는 음의 방향으로 1시간 당 2칸씩 움직이라는 뜻입니다. 또한 3시간 전이므로 음의 방향으로 세 번 움직이라는 뜻으로도 해석할 수 있습니다. 그렇게 세 번 움직여서 지금의 위치가 0이므로 3시간 전에는 양수 6(+6)의 위치입니다.

"제가 식으로 표현해 볼까요?"

그러세요.

"앞에서 설명하신 것처럼 서쪽은 음의 방향이고, 시간의 흐름에서 '전'이라는 개념은 음의 개념입니다. 따라서 서쪽으로 2km씩 움직인 3시간 전의 위치이므로 음수 2(−2)를 음의 방향으로 3배 이동한 것이라고 볼 수 있습니다. 따라서 식은 −2×(−3)=6입니다."

정말 훌륭합니다. 의미적으로 표현해 보고 식으로 나타내보았지만 정말 중요한 것은 여러분이 규칙을 형식적으로 받아들이는 것입니다. 잊지 마세요!

감사합니다. 디오판토스 선생님.

오늘 오셔서 좋은 말씀 주신 것 감사합니다. 여러분도 다 함께 감사의 박수를 드립시다.

감사합니다. 나도 오늘 여러분을 만나서 이야기할 수 있었다는 사실만으로도 아주 기쁩니다. 여러분이 수학의 세계를 이해

하고 느끼고 스스로가 만들어 갈 수 있는 힘을 기르기를 진심
으로 바랍니다.

위대한 디오판토스 선생님, 안녕히 가십시오.

❶ 부호가 같은 두 수의 곱셈

각 절댓값의 곱에 양의 부호(+)를 붙입니다.

❷ 부호가 다른 두 수의 곱셈

각 절댓값의 곱에 음의 부호(−)를 붙입니다.

❸ $a \times 0 = 0 \times a = 0$ a는 정수

❹ 부호 결정

음수(−)의 개수가 짝수이면 그 답은 양수(+)

⇨ $(+7) \times (-5) \times (-6) \times (+2) \times (+1) = 420$

음수(−)의 개수가 홀수이면 그 답은 음수(−)

⇨ $(+7) \times (-5) \times (-6) \times (+2) \times (-1) = -420$

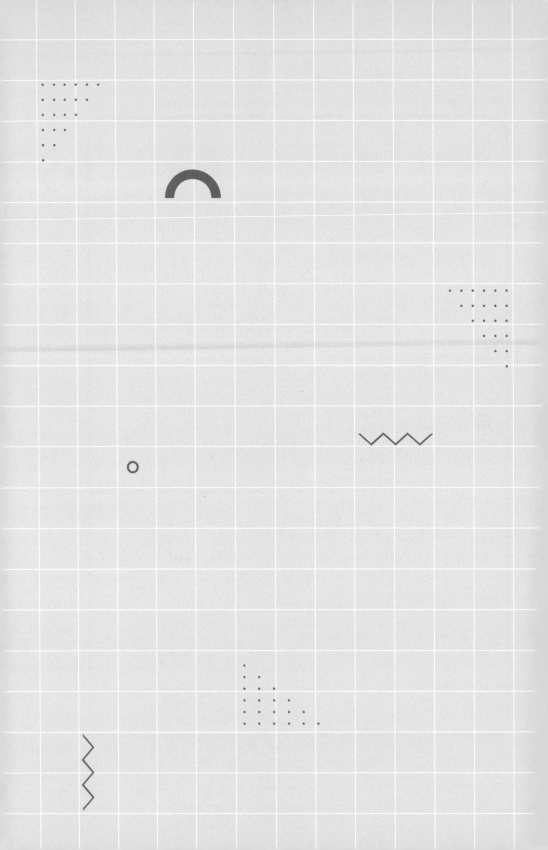

음수의 본질과 나눗셈

정수의 나눗셈은 곱셈으로 바꾸어 생각할 수 있습니다.
나눗셈의 원리를 이해하고 계산에 익숙해지도록 합니다.

1. 음수의 나눗셈 원리를 이해합니다.
2. 음수의 나눗셈을 익숙하게 할 수 있습니다.

미리 알면 좋아요

1. **역수** 두 수의 곱이 1이 될 때, 한 수를 다른 수의 역수라고 합니다.

2. 곱셈과 나눗셈이 혼합된 식은 곱셈만의 식으로 고쳐서 계산합니다.

한켈의
다섯 번째 수업

안녕하세요, 여러분. 벌써 정수에 대한 이야기를 하는 다섯 번째 시간이 되었네요.

지난 시간에는 과거에도 음수를 어렵게 생각했던 것에 대하여 이야기했습니다. 따라서 실제로 존재가 불가능한 수 또는 거짓된 수로 여겨졌고요. 그러나 수학자들은 음수를 계산상의 유용성 때문에 사용하였답니다. 참 아이러니죠. 인정할 수 없으면서도 사용할 수밖에 없었던 상황이 말입니다.

하지만 이유가 있었다고도 볼 수 있습니다. 17세기에 좌표계를 일반적으로 사용하면서 사람들은 음수 존재의 필요성을 깨달았습니다. 그러나 여전히 수학적으로 타당함을 입증해야 하는 것이 숙제로 남아 있었습니다.

18세기 영국의 수학자 매클로린Maclaurin은 음의 크기를 양의 크기만큼 실제적인 것으로 보고자 했습니다. 그래서 양수와 음수에 대한 실제적인 예로 '충분'과 '부족', '자산'과 '부채', '수평선 위로의 상승'과 '아래로의 하강'을 이야기했습니다. 그리고 음수의 곱셈에 대한 규칙을 수학적으로 증명하였습니다.

그러나 매클로린이 양수인 a, b에 대하여 $(-a)b$가 음수이기 때문에 $(-a)(-b)$는 양수여야 한다는 증명을 한 것을 프렌드Frend는 터무니없는 것이라고 비난했습니다.

"한켈 선생님! $(-a)b$가 음수이기 때문에 $(-a)(-b)$가 양수여야 한다는 말씀이 이해가 안 됩니다."

매클로린이 자신이 설명하지 않고 스스로 인정하는 기본적인 성질을 사용하고 있었다는 이야기를 안 해서 그렇군요. 우선 설명해 보죠.

먼저 $(-a)(+b-b)=0$이라는 등식에서 생각해 봐야 해요. 그 식을 '분배법칙'을 사용하여 전개하면 $(-a)b+(-a)(-b)=0$이 됩니다.

$(-1)+(+1)=0$과 같은 등식에서 (-1)과 $(+1)$의 합이 0이 되는 것처럼, $(-a)b+(-a)(-b)=0$이 성립하기 위해서는 $(-a)b$와 $(-a)(-b)$의 부호가 반대가 되어야 한다고 생각을 한 것이죠.

하지만 여기서 암묵적으로 사용하는 기본 성질이 있다는 것은 부정할 수 없습니다. 따라서 매클로린은 $(-a)b$가 음수이기 때문에 $(-a)(-b)$를 양수라고 생각한 것입니다.

한편 오일러Euler도 직관적으로 음수를 설명하고자 했습니다. 예를 들면, 양수만을 고려하면서 익숙해진 양수끼리의 곱이 양수라는 사실에서 +기호를 이야기하였습니다. 또 $-a$를 '소득'의 반대 개념인 '빚'으로 간주하면서 3배의 빚이라면 그 빚은 더 커질 것이라고 이야기했어요.

마찬가지로 $-a$와 b를 곱하면 $-ab$입니다. 그것은 $-ba$와 같은 것이죠. 오일러는 양인 양에 음인 양을 곱하면 그 곱은 음이라고 결정하였습니다.

그런 다음 $(-a)b$가 음이기 때문에 $(-a)(-b)$가 같은 결과를 낳을 수는 없기 때문에 양이어야 한다고 주장했죠.

"한켈 선생님! 그렇다면 오일러의 생각도 자명함을 수학적으로 증명했다고 볼 수 있는 것인가요?"

음칠이군요. 물론 오일러도 음수에 관련된 이론을 완전하게 설명하지 못했습니다. 하지만 지난 시간에 이야기했듯 피콕과 내가 음수와 그 연산이 양적인 관점에서 설명될 수 없음을 지적하면서 형식적으로 증명해야 함을 강조했죠. 하하. 그래서 오늘날 음수가 여러분이 공부하는 교과서에 자연스레 나오고 있는 것이랍니다.

물론 직관적으로 음수의 의미를 생각하는 것은 우리가 경험하지 못한 세계를 이해하는 입장에서는 훌륭한 출발입니다. 삼라만상의 존재가 모두 한 가지 성향이 아닌 두 가지 방향으로 존재한다고 하죠. 여러분도 이러한 사실에서 음수의 존재와 의미를 짐작할 수 있을 것입니다.

한번 생각해 보세요. 동전도 앞면과 뒷면이 있습니다. 지상이 존재하듯 지하가 존재하며, 더운 지역이 존재하면 추운 지역도 존재합니다. 자석에도 양과 음이 있으며, 힘의 원리에도 작용과 반작용이 있습니다.

"한켈 선생님! 날씨는 양극만 있지 않아요. 우리나라는 사계절이 있는데요?"

하하. 맞습니다. 그렇게 혼합적인 상황도 생각해 볼 수 있지만 그러한 존재도 양극 상황의 존재로 인한 것임을 부정할 수는 없을 것입니다. 이러한 관계가 수의 세계에서도 성립된다는 것이 중요합니다.

양과 음의 세계를 수학에서 생각하면서 우리가 한 가지 빼놓은 것이 있습니다. 그것은 나눗셈에 대한 이야기입니다. 우선 직관적인 예를 지금까지 경험했던 상황과 유사하게 제시해 보 겠습니다.

음칠이가 서쪽으로 3km의 속력으로 걷는다고 합시다. 그런 데 현재의 위치가 0이라면 음칠이가 동쪽으로 9km 지점에 있 던 때는 언제였을까요? 이것을 지난 수업에 다루었던 시간의 '전'과 '후', '동쪽'과 '서쪽'이라는 상대적 개념과 관련하여 생각 해 봅시다.

"한켈 선생님, 음칠이가 서쪽으로 1시간에 3km씩 가는데 현 재 0이라면 그 전에 이미 음의 방향으로 3칸씩 움직여서 왔다 는 이야기인 것 같아요. 그런데 동쪽 9km 지점에 위치한 시간 이 언제냐는 질문을 생각해 보면요, 1시간에 3칸씩 음의 방향 으로 움직인다고 생각하면 동쪽에 위치했다는 것은 현재 위치 인 0을 기준으로 오른쪽, 즉 양의 방향에 위치한 것이네요. 그 래서 지금으로부터 과거 시간이 돼요. 그러니까 3칸씩 세 번 움 직여야 지금이 되므로……. 아하! 3시간 전입니다."

승현이의 생각이 옳은지 수직선에서 생각해 보죠.

우선 현재의 위치는 0이고 1시간에 3칸씩 음의 방향으로 움직이니까 1시간 뒤라면 서쪽 3km에 위치할 것입니다. 그리고 1시간 전이라면 동쪽 3km 지점에 위치할 것입니다. 따라서 동쪽 9km라고 했으니 그 지점에서 3칸씩 세 번을 와야 현재의 위치인 0이 됩니다.

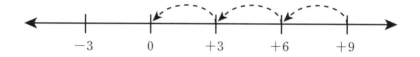

따라서 지금부터 3시간 전이라고 볼 수 있습니다. 그렇다면 승현이의 생각이 옳군요. 이제는 음수 박사가 다 되었네요. 식으로도 표현해 볼까요?

"음, 제가 아는 식은 곱셈인데요. 1시간에 3칸씩 음의 방향으로 가는데 문제에서는 얼마의 시간이 흐르기 전, 또는 후에 그 위치가 동쪽이라고 했어요.

'양의 위치 9에 위치하는가?'로 생각하면, 우리가 모르는 미지수인 x를 사용해야 될 것 같아요. 그러면 $(-3) \times x = +9$입니다. 그래서 그 x가 -3이 되니까 음의 시간은 '몇 시간 전'이므로 3시간 전이 되는 것입니다."

맞습니다. 그러면 미지수인 x를 사용하지 않고 식을 세우면
어떻게 될까요?

"음, $9 \div (-3) = x$이니까 $9 \div (-3) = -3$이 됩니다."

"아하~ 그렇구나!"

"음수의 나눗셈에 대한 부호는 어떻게 되는 것인가요?"

나눗셈은 곱셈으로 바꿀 수 있죠?

"네."

그렇다면 나눗셈을 역수의 곱으로 생각한다면 곱셈의 경우와 같은 규칙이 적용된다고 볼 수 있겠죠.

"맞습니다. 그리고 한켈 선생님, 곱셈에서 나눗셈으로 바꾼 것은 등식의 성질을 이용한 것입니까?"

준섭이, 대단합니다. 이제 설명과 질문을 하려던 참이었는데 말입니다.

양팔 저울에 같은 무게의 사과들이 올라가 있을 때 한쪽에 있는 사과 1개를 내려놓는다면 저울은 평형을 잃게 됩니다. 하지만 양쪽에서 같은 양을 덜어 놓으면 평형은 유지되지요. 이러한 성질을 등식에서 생각하는 것이 등식의 성질이었죠?

$b=c$일 때, 양변에 같은 수인 a를 곱하면 $ab=ac$가 성립하죠. 그것은 양변에 같은 수를 곱하여도 등호는 변함이 없다는 등식의 성질에 의한 것입니다.

그렇다면 나누는 경우도 마찬가지입니다. 하지만 한 가지 주의해야 하는 것이 있습니다.

"무엇일까? 0인가……."

맞습니다. 0으로는 나눌 수가 없습니다. 여러분이 알고 있는 수의 세계에서는 분모가 0인 수가 존재하지 않습니다. 따라서

0으로는 나눌 수가 없습니다.

따라서 $ab=ac$에서 양변을 a로 나눠서 $b=c$가 되는 경우에 a는 0이 될 수 없습니다. 그것을 잊지 마세요.

"아까 그 식에서는 $(-3) \times x = +9$이니까, 양변을 -3으로 나누면, $(-3) \times x \div (-3) = +9 \div (-3)$이 됩니다.

교환법칙을 적용하면 $x \times (-3) \div (-3) = +9 \div (-3)$이 되어, 좌변을 약분해서 계산하면 $x = +9 \div (-3) = -3$이 됩니다."

준섭이가 잘 설명했어요. 그래서 나눗셈으로 표현하면,

$$+9 \div (-3) = -3$$

이 되는 것입니다.

음수 개념은 역사적으로도 그 본질과 의미를 이해하기까지 여러 단계를 거쳐 왔다는 것을 알 수 있습니다.

처음에는 그 개념을 직관적으로 받아들이고자 하였지만 그 한계를 깨닫고 결국에는 형식적으로 받아들여서 발전해 왔다는 것입니다.

또한 과거 학자들이 겪었던 어려움이 바로 지금의 여러분이 생각하는 과정에서의 어려움과 일맥상통한다는 입장에서도 위로가 될 것입니다. 하하.

❶ 부호가 같은 두 수의 나눗셈

두 수의 절댓값의 나눗셈의 몫에 양의 부호(＋)를 붙입니다.

❷ 부호가 다른 두 수의 나눗셈

두 수의 절댓값의 나눗셈의 몫에 음의 부호(－)를 붙입니다.

❸ 유리수의 나눗셈은 나누는 수의 역수를 곱한 곱셈과 같습니다.

❹ 부호가 혼합된 나눗셈

(부호를 무시한) 숫자끼리 모두 나눕니다. 즉, 역수를 곱합니다.

⇨ 짝수 개의 음수의 곱이면 양수, 홀수 개의 음수의 곱이면 음수로 정합니다.

음수(－)의 개수가 짝수이면 그 답은 양수(＋)

⇨ $(+24) \div (-4) \div (-2) = +(24 \div 4 \div 2) = +3$

음수(−)의 개수가 홀수이면 그 답은 음수(−)

⇨ $(+24)÷(+4)÷(−2)=−(24÷4÷2)=−3$

❺ 두 수의 곱이 1이 될 때, 한 수를 다른 수의 역수라고 합니다. 역수란 분자와 분모를 서로 바꾸어 놓은 수입니다.

정수의
혼합계산

괄호와 거듭제곱의 의미를 통해
혼합계산의 원리를 알아봅니다.

1. 정수의 사칙연산의 원리를 이해합니다.
2. 정수의 사칙연산을 익숙하게 할 수 있습니다.

미리 알면 좋아요

1. **거듭제곱** 어떤 수나 문자를 거듭하여 곱한 것

2. 소괄호 : ( )
   중괄호 : { }
   대괄호 : [ ]

한켈의
여섯 번째 수업

하늘이 참 좋습니다. 오늘은 이렇게 교실 밖에서 수업을 진행하고자 합니다.

자, 여러분이 할 수 있는 계산이란 어떤 것이죠?

"덧셈, 뺄셈, 곱셈이나 나눗셈 같은 사칙연산을 말씀하시는 것인가요?"

그렇습니다.

"하하. 저희는 그런 계산은 정말로 자신 있습니다, 한켈 선생님."

그럼 그런 계산들을 정수로 확장해서 한번 해 봅시다. 우리가 지금까지 해 온 내용을 종합해서 말입니다. 제가 칠판에 적는 문제들을 풀어 보고 답을 비교하고 발표하는 것으로 하죠.

한켈은 다음과 같은 문제를 칠판에 적습니다.

1. $26 + \{20 - (3 - 21) \times 3\} \div (-2) =$
2. $(-2) - \{(-2^3) + (-2)^3\} \div (-1)^5 =$

"와! 복잡하다. 난 처음 문제를 먼저."

"난 두 번째를 먼저 해야지."

그래요. 여러분이 자유롭게 풀어 보고 비교해서 느낀 것을 이야기해도 좋고, 아니면 그냥 자신이 풀이한 방법과 답을 발표해도 좋아요. 해 보죠.

얼마의 시간이 흐른 뒤, 학생들은 서로 같은 문제를 풀이한 학생들을 찾아 답을 비교해 보고 답이 서로 다른 경우가 많다는 것을 발견합니다.

"한켈 선생님, 이상해요. 친구들의 답이 다 달라요. 뭐가 문제인지 모르겠어요."

하하. 그럼 각자 자신이 어떻게 풀이했는지를 발표하죠. 아하가 먼저 발표할래요?

"네. 저는 두 문제 모두 앞에서부터 차례대로 풀었습니다."

음, 차례대로라면 처음 문제를 어떻게 해결했다는 것인가요?

"$26 + \{20 - (3 - 21) \times 3\} \div (-2)$를 풀기 위해서 26에 20을 더하고, 3을 뺀 다음 21을 빼고……. 그런 식으로 해서 -33이

나왔는데요."

다른 학생들은 어떻게 했나요?

"저는요. 우선 괄호 안을 먼저 풀었는데요. 소괄호( )와 중괄호{ } 순서대로 괄호 안에서 먼저 곱셈을 하고 덧셈과 뺄셈은 순서대로 했어요."

그래서 승현이는 답이 어떻게 나왔나요?

"음, 먼저 $(3-21)$을 계산하니 -18이 나와서 3을 곱하고 20에서 빼서 74가 나왔어요. 그런데 다시 -2로 나누고 26을 더하면 -11이 나옵니다."

학생들이 답이 완전히 다르다고 웅성거립니다.

"이상하다……. 저는요. 초등학교 때 배운 대로 사칙연산에서는 곱셈과 나눗셈을 먼저 하고, 이때 나눗셈을 곱셈으로 바꾸기 위해서 역수를 취하여 계산하는 것이기 때문에 이를 먼저 했는데요."

그러면 준섭이는 어떻게 풀이했지요?

"저는 우선 21에 3을 곱한 다음 -2로 나누고 앞에서부터 차례대로 풀이를 했더니 답이 분수로 복잡하게 나왔어요."

자, 여러분이 모두 열심히 답을 구하고자 노력했다는 것을 알 겠습니다. 그러나 계산에서 지켜야 하는 약속이 어떤 것인가를 알고 하는 것이 중요합니다.

우리 인류 역사에서의 새로운 발견도 규칙의 발견과 많은 관련이 있습니다. 그러면 사칙연산에서의 규칙은 어떤 것일까요?

여러분의 답안 속에 다 있습니다. 우선 괄호가 있는 경우는 괄호를 먼저 해결해야 합니다. 소괄호, 중괄호, 대괄호 순으로 말입니다. 그렇게 괄호 안을 먼저 간단하게 한 후에 전체적인 계산이 이뤄지는 것입니다. 전체적인 계산은 아까 발표한 것처럼 곱셈과 나눗셈을 먼저 순서대로, 그다음은 덧셈과 뺄셈을 순서대로 하는 것이죠.

그러면 우리 중에서는 누가 정확하게 해결한 것이라고 볼 수 있나요?

"승현이의 풀이 과정이 맞는 것 같아요."

맞습니다. 그러면 두 번째 문제는 어떻게 해결했나요?

$$(-2) - \{(-2^3) + (-2)^3\} \div (-1)^5$$

이 문제에서 중요한 것은 (-2^3)과 $(-2)^3$의 차이를 아는 것입니다. 괄호와 다른 사칙연산의 순서는 조금 전에 이야기를 했으니까요. 그러면 그 차이점에 대하여 이야기해 볼까요?

(-2^3)과 $(-2)^3$의 경우를 우리 눈으로 확인할 수 있는 현상과 연결해서 설명해 보죠.

5월에 2원의 손해를 본 사람이 있었어요. 그런데 그 사람은 5월의 손해를 기준으로 해서 그 전달의 배만큼 손해 또는 이익을 보았다고 해요. 그 사람이 7월에는 얼마의 손해 또는 이익을 보았는지 생각해 보죠.

"한켈 선생님, 그러면 그 사람은 5월에는 2원의 손해이므로, −2가 돼요. 6월에는 5월을 기준으로 해서 그 전달의 배만큼이니까 다시 (-2)배가 되는 것인가요?"

그렇죠.

"그러면 $(-2) \times (-2)$가 되는 것이고, 7월에는 5월 기준으로 그 전달의 배이니까 (-2)의 $(-2) \times (-2)$배라고 할 수 있겠네요?"

그렇죠.

"그러면 $(-2) \times (-2) \times (-2)$가 되나요?"

하하. 그렇습니다. 앞의 식을 거듭제곱으로 표시하면 $(-2)^3$이 되는 것입니다. 그러면 준섭이가 보기에 -2^3의 경우는 어떤 것 같습니까?

"음, 그것은 2의 세제곱인가요?"

그렇습니다. 괄호가 없다는 것으로 알 수 있겠죠? $(-2) \times (-2) \times (-2) = (-2)^3$이 되는 것이지만, -2^3의 경우는 다르겠죠? 그것은 2의 세제곱에 마이너스가 붙었을 뿐입니다.

"하지만 답은 같죠?"

그렇습니다. 만일 (-2^4)과 $(-2)^4$이라면 -16과 16이 되겠지만 말입니다. 하하.

그래서 $(-2) - \{(-2^3) + (-2)^3\} \div (-1)^5$는 먼저 거듭제

곱을 해결한 후에 괄호, 곱셈과 나눗셈 그리고 덧셈과 뺄셈을 순서대로 계산하면 됩니다. 그러면 어떻게 나올까요?

"저는 중괄호 안의 거듭제곱을 먼저 해결해서 -16이 나와서 -16을 $(-1)^5$으로 나누었어요."

잠깐만요, $(-1)^5$은 무엇인가요?

"-1의 다섯 제곱이라고 방금 배운 것 같아서 그 답은 -1이라고 생각했는데요. 아닌가요?"

아닙니다, 맞습니다. 계속하세요.

"네. 그래서 $(-16) \div (-1)$을 하면 16이 나오고, 주어진 식을 앞에서부터 순서대로 계산하면 $(-2) - 16$이 됩니다. 그래서 답은 -18입니다."

맞습니다! 가장 중요한 것은 규칙과 순서입니다. 잊지 마세요.

여러분이 살아가면서 자연의 법칙을 이용하면 더욱 현명해질 수 있듯이 수학에서도 새로운 발견을 위해서는 그 법칙을 지켜야 합니다. 삼국지에서도 제갈공명의 전략은 바로 그러한 자연의 법칙을 이용하는 경우가 대부분이었죠? 빛의 반사를 이용하여 기마병들이 타고 있는 말을 놀라게 하여 적은 군사로 승리할 수 있었던 것도 말입니다. 하하.

❶ 사칙이 혼합된 계산

⇨ 거듭제곱이 있으면 이것을 가장 먼저 계산합니다.

⇨ 괄호가 있는 경우는 먼저 괄호 안을 간단히 합니다.

( ) → { } → [ ] 순으로 계산합니다.

⇨ 곱셈과 나눗셈을 먼저 계산하고 덧셈과 뺄셈은 나중에 앞에서부터 순서대로 계산합니다.

❷ 거듭제곱의 계산

⇨ 양수의 거듭제곱은 지수에 관계없이 항상 양수 (+) 입니다.

$$(+1)^3 = (+1) \times (+1) \times (+1) = +1$$

지수

밑

⇨ 음수의 거듭제곱은 지수에 따라 정해집니다.

지수가 짝수이면 → +, 지수가 홀수이면 → −

$$(-1)^3 = (-1) \times (-1) \times (-1) = -1$$

$$(-1)^4 = (-1) \times (-1) \times (-1) \times (-1) = 1$$

$$\vdots$$

$(-1)^{10} = (-1) \times (-1) \times (-1) \times \cdots\cdots \times (-1) = 1$

$(-1)^{11} = (-1) \times (-1) \times (-1) \times (-1) \times \cdots\cdots \times (-1) = -1$

$\vdots$

NEW 수학자가 들려주는 수학 이야기 05

한켈이 들려주는 정수 이야기

ⓒ 박현정, 2008

2판 1쇄 인쇄일 | 2025년 2월 24일
2판 1쇄 발행일 | 2025년 3월 11일

지은이 | 박현정
펴낸이 | 정은영
펴낸곳 | (주)자음과모음

출판등록 | 2001년 11월 28일 제2001-000259호
주소 | 10881 경기도 파주시 회동길 325-20
전화 | 편집부 (02)324-2347, 경영지원부 (02)325-6047
팩스 | 편집부 (02)324-2348, 경영지원부 (02)2648-1311
e-mail | jamoteen@jamobook.com

ISBN 978-89-544-5201-4 44410
      978-89-544-5196-3 (세트)